“小葫芦学中医”
儿童中医启蒙系列丛书

藏在节气里的中医

主　编　曾科学

全国百佳图书出版单位
中国中医药出版社
·北　京·

图书在版编目（CIP）数据
藏在节气里的中医／曾科学主编．—北京：中国
中医药出版社，2024.6
（“小葫芦学中医”儿童中医启蒙系列丛书）
ISBN 978–7–5132–8737–1

Ⅰ．①藏…　Ⅱ．①曾…　Ⅲ．①二十四节气—青少年读
物　②中医学—青少年读物　Ⅳ．① P462–49　② R2–49

中国国家版本馆 CIP 数据核字（2024）第 075855 号

中国中医药出版社出版
北京经济技术开发区科创十三街 31 号院二区 8 号楼
邮政编码　100176
传真　010–64405721
山东临沂新华印刷物流集团有限责任公司印刷
各地新华书店经销

开本 880×1230　1/24　印张 10.5　字数 191 千字
2024 年 6 月第 1 版　2024 年 6 月第 1 次印刷
书号　ISBN 978-7-5132-8737-1

定价　79.00 元
网址　www.cptcm.com

服务热线　010–64405510
购书热线　010–89535836
维权打假　010–64405753

微信服务号　zgzyycbs
微商城网址　https：//kdt.im/LIdUGr
官方微博　http：//e.weibo.com/cptcm
天猫旗舰店网址　https：//zgzyycbs.tmall.com

如有印装质量问题请与本社出版部联系（010–64405510）

编委会

林序

知时顺节，是中国人特有的一种养生智慧。我们顺应时间和节气的时序，在四季轮替斗转星移中，寻找符合天时与地脉的节拍，应用到我们生活的方方面面——衣食住行，劳动游戏，都遵循这样的节奏。

这个节奏，在中国人的生活中被称为二十四节气，这种从农耕的需求中被固定下来的特定的计时方法，在现代生活中依然时常被应用："不时不食""夏至称重""白露身不露"等有趣的习俗，都是从二十四节气和顺应自然的习惯中来的。

这些习俗也正暗合了我们现在倡导的养生习惯，这些经过几千年的时间总结下来的规律，散落在民间的风俗习惯中，被遵循着，却很少有人进行科学的整理和研究。一直致力于中医科普的曾科学教授近年来编撰了一套与中医科普相关的"小葫芦学中医"儿童中医启蒙系列丛书，《藏在成语里的中医》和《藏在厨房里的中医》已出版，在他的新作《藏在节气里的中医》一书即将付梓之际，我所画的二十四节气图被曾教授所青睐，非常荣幸地被选为本书的插图。

2016 年，凝聚了中国人智慧的二十四节气，正式被联合国教科文组织列入非物质文化遗产名录，我的画作也被选为图文资料的一部分，以绘画来解释节气，会使得这一传统概念更易理解和更易被全世界接受。也因此，2019 年我被邀请在联合国总部开了一场小小的专题画展。在对于二十四节气的宣传和普及上，我的画作有过几次小小的贡献。此次与曾教授的合作，更将领域延伸至了青少年阅读和科普书籍中，我非常高兴可以以这种方式参与其中，也希望我的画作能够再次对二十四节气的宣传和科普贡献绵薄之力。

无论是二十四节气的时序之美，还是中医的顺时之意，都是中华文明千年来的智慧结晶。在现代人忙碌的生活中，整理、研究、普及这些智慧都有着非常积极的意义。

希望每一位读者都在其中收获自己生活的节奏，恰似春来秋往，日月盈仄，我们以目感受春之绚烂、秋之缤纷，以耳聆听夏之鸣蝉、冬之雪落，将身心感受到的平静与力量，转化为简素而朴实的生活。

林帝浣

2024 年 5 月 8 日

自序

《藏在节气里的中医》是“小葫芦学中医”儿童中医启蒙系列丛书的第三本，也是我们对中医药文化的又一次探索和总结。中医药是中华民族的瑰宝，它不仅仅是一门学问，更是一种生活方式，一种与自然和谐共处的哲学。中医药文化源远流长，蕴含着祖先们对自然的敬畏和感悟，而二十四节气作为中国古代气象观测体系，在传统文化中扮演着重要的角色，承载了丰富的文化内涵与生活智慧。

二十四节气中每个节气都有着独特的名称和特征，标志着季节的变化和自然界的律动。通过观察节气的变化，我们可以更好地了解自然界的规律，相应调整我们的饮食、生活和起居，从而保持健康和活力。想象一下，我们可以和家人在不同的节气里做一些有趣的事情，比如在春分的时候去野外赏花，在冬至的时候一起吃热腾腾的饺子。

在本书的写作过程中，我们不断深入研究中医药与二十四节气的相关知识，梳理整理了大量资料，通过“节气小故事”“节气小古诗”“节气小穴位”“节气小中药”“节气小药膳”“节气小谚语”“节气小问答”等栏目将复杂的理论和实践用简洁易懂的方式呈现给各位小读者。希望这本书能够成为你们的好朋友，能够伴随着你们的成长帮助你们养成良好的生活习惯，在成长过程中保持健康和快乐。

我们由衷地希望各位小读者们能够喜欢这本书，希望你们可以从书中了解节气养生方法，学到有用的知识，体会到中医药文化的博大精深，进而传承和弘扬中华传统文化的精髓。

最后，感谢在写作过程中所有给予我们支持和帮助的人，没有你们的鼓励和支持，这本书不可能完成。也感谢每一位将要阅读这本书的读者，是你们的关注和支持，让我们有了继续写作的动力和信心。

愿我们共同努力让中医药文化走进更多人的生活!

曾科学

2024 年 5 月 9 日

目录

第一章　初识二十四节气

第二章　中医说二十四节气

第三章　探索藏在节气中的秘密

春季篇

夏季篇

秋季篇

冬季篇

第一章

初识二十四节气

二十四节气，是历法中表示自然节律变化及确立“十二月建[①]”的特定节令。一年包含四季，春、夏、秋、冬各三个月，每月两个节气，分别为：立春、雨水、惊蛰、春分、清明、谷雨；立夏、小满、芒种、夏至、小暑、大暑；立秋、处暑、白露、秋分、寒露、霜降；立冬、小雪、大雪、冬至、小寒、大寒。每个节气均有其独特的含义。二十四节气准确地反映了自然节律变化，指导着农耕生产，更蕴含着丰富民俗事象。

二十四节气是上古农耕文明的产物，是上古先民顺应农时，通过观察天体运行，认知一年之中时令、气候、物候等变化规律所形成的知识体系。二十四节气最初是依据斗转星移制定，北斗七星循环旋转，斗柄顺时针旋转一圈为一周期，谓之一“岁”。现行的二十四节气是依据太阳在回归黄道上的位置制定，即把太阳周年运动轨迹划分为24等份，每15度为1等份，每1等份为一个节气。

接下来，就让我们通过一首朗朗上口的“二十四节气歌”来开启我们对二十四节气的了解与认识吧！

春雨惊春清谷天，夏满芒夏暑相连。
秋处露秋寒霜降，冬雪雪冬小大寒。
每月两节不变更，最多相差一两天。
上半年来六廿一，下半年是八廿三。

① 十二月建：是依据二十四节气而来的节气月，属干支历的基本内容。以北斗七星斗柄所指的方位作为确定月份的标准，称为“斗建”，“建”代表北斗七星斗柄顶端的指向。斗柄旋转而依次指向“十二辰”，称为“十二月建”。

小节气，大渊源

中国的星象文化源远流长、博大精深，古人很早就开始探索宇宙的奥秘，二十四节气原来正是依据北斗七星斗柄旋转指向（斗转星移）来制定的，北斗七星由天枢、天璇、天玑、天权、玉衡、开阳、摇光七颗星星组成，因北斗七星曲折如斗，故而得名。北斗七星循环旋转，星辰变换与季节变换有着密切的关系。北斗七星是北半球（中国位于北半球）的重要星象，北斗七星循环旋转，斗转星移时北半球相应地域的自然节律亦在转变，上古人们就是观测到这一现象从而认为这是时节变化的依据。在传统文化中，干支时间和方位及八卦是联系在一起的，寅位是“后天八卦图”的艮（gèn）位，是年终岁首交结的方位，代表终而又始，如《易·说卦传》云：“艮，东北之卦也，万物之所成终而所成始也。”即，斗柄从正东偏北（寅位，后天八卦艮位）为起点，顺时针旋转一圈为一周期，谓之一“岁”（从立春到下一个立春为一岁）。寅月为“春正”，立春为岁首。立春乃万物起始、一切更生之义也。北斗星斗柄指向确立的二十四节气，始于立春，终于大寒，循环往复。

而早在西汉汉武帝时期，二十四节气的起始与结束较古代已有所不同。当时，二十四节气被纳入《太初历》作为指导农事的历法补充。古人采用土圭（guī）[①] 测日影

① 土圭：《周礼·地官·大司徒》云：“以土圭之法测土深，正日景（影），以求地中。”土圭，是一种古老的用来测量日影长短的工具。用土圭垂直于地面立着，通过观察记录土圭正午时影子的长短变化，可以确定季节的变化。

立春
雨水
惊蛰
春分
清明
谷雨
立夏
小满
芒种
夏至
小暑
大暑
立秋
处暑
白露
秋分
寒露
霜降
立冬
小雪
大雪
冬至
小寒
大寒

（平均时间法），将在黄河流域测定的日影最长、白昼最短（日短至）的这一天作为冬至日，以冬至日为二十四节气的起点，将冬至与下一个冬至之间均分 24 等份，每节气之间的时间相等，间隔时间 15 天。“土圭测日影法”划分的节气，把冬至列为二十四节气首位，二十四节气始于冬至，终于大雪。

现行的二十四节气自 1645 年起沿用至今，是根据太阳在回归黄道上的位置来确定节气的，即在一个为 360 度圆周的“黄道”上，划分 24 等份，每 15 度为 1 等份，以春分点为 0 度起点（排序上仍把立春列为首位），按黄经度数编排，也就是视太阳从黄经 0 度出发（此刻太阳垂直照射在赤道上），每当前进 15 度为一个节气，运行一周又回到春分点，为一回归年。依据“太阳黄经度数”划分的二十四节气，始于立春，终于大寒。

小节气，大价值

二十四节气科学地揭示了天文气象变化的规律，实现了与天文、农事、物候和民俗的巧妙结合，随之衍生了大量与之相关的岁时节令文化，成为中华民族传统文化的重要组成部分。为了更准确地表述时序特点，古人将节气分为“分”“至”“启”“闭”四组。“分”即春分和秋分；“至”即夏至和冬至；“启”是立春和立夏；“闭”则是立秋和立冬。

立冬
小雪
大雪
冬至
小寒
大寒
立春
雨水
惊蛰
春分
清明
谷雨
立夏
小满
芒种
夏至
小暑
大暑
立秋
处暑
白露
秋分
寒露
霜降

立春、立夏、立秋、立冬，合称“四立”。“四立”与“二分二至”加起来共为“八节”，民间称为“四时八节”。在传统的农业社会，古人相当重视立春岁首，这期间会举行多种民俗活动。上古时代，礼俗所重的不是阴历正月朔[①]日，而是立春日，重大的拜神祭祖、驱邪消灾、祈年纳福、迎新春等活动均安排在立春日及其前后几天举行。

从节气规律来说，立春是“阴阳”之气中阳气升发的起始，自立春起阴阳转化，阳气上升，立春标示着万物更生、新轮回开启；而冬至则是太阳回返的始点，自冬至起太阳高度回升、白昼逐日增长，冬至标示着太阳新生、太阳往返运动进入新的循环。在“四时八节”当中，冬至的重要程度不亚于立春岁节。在漫长的农耕社会中，二十四节气发挥着重要作用，具有丰富的文化内涵。

在早期观象授时时代，农事周期就是庆典周期，有些节气也就是节日。尽管在后来的历史发展中，由于阴阳合历历法的推广，节气与节日发生了分离，但许多节气仍旧被作为节日保留了下来。每个节气都有自己丰富多彩的节气习俗活动和特殊的饮食习俗。人们遵循传统“天人合一，顺应四时”的理念，以二十四节气为中心，还形成了丰富的养生习俗，如立春补肝、立夏补水、立秋滋阴、立冬补阴等。与此同时，围绕二十四节气，亦产生了数量众多的故事传说及诗词歌赋等，集中表达了人们的思想情感与精神寄托。总之，众多的禁忌、仪式、礼仪、娱乐、饮食、养生、传说、故事等习俗活动围绕着二十四节气发生、发展。对我们来说，二十四节气不仅仅作为一种时间体系存在，更是一套具有丰富内涵的生活与民俗系统。

---

① 朔：《说文解字》云：“朔，月一日始苏也。”朔日，指农历每月初一。

第二章

中医说二十四节气

二十四节气与中医、与人们的日常饮食起居息息相关，二十四节气体现了人与自然在本质上的相通性，表达了一切人、事、物都应该顺乎自然规律，才能够达到人与自然全面协调、可持续发展。二十四节气是中国人道法自然、崇尚和谐、珍视生命的重要表现，是珍贵的文化和精神财富，可以用以防病避灾、养生保健，还能够引导人类形成与自然和谐相处的文化理念，是中华民族优秀传统文化的重要组成部分。

中医十分重视人与自然环境的关系，从《黄帝内经》时代的“人与天地相应”开始，就季节、昼夜、地理环境对人体的影响做了很多论述，其中最具特色的就是与中国传统二十四节气相呼应的中医节气思想。

节气之“影响力”

（1）二十四节气影响人体的精神活动

《黄帝内经直解》指出：“四气调神者，随春夏秋冬四时之气，调肝、心、脾、肺、肾五脏之神志也。”著名医学家吴鹤皋（gāo）也说：“言顺于四时之气，调摄精神，亦上医治未病也。”这里的“四气”，即春、夏、秋、冬四时气候；“神”，是指人们的精神意志。不同的节气蕴含了四时的气候变化，“四时之气”主要指的是外在环境，精神活动则是人体内在脏气活动的主宰，内在脏气与外在环境统一协调，才能保证身体健康。

（2）二十四节气影响人体的气血活动

中医学认为，外界气候变化对人体气血的影响也是显著的，如《素问·八正神明论》里记载：“天温日明，则人血淖（nào）液而卫气浮，故血易泻，气易行；天寒日阴，则人血凝泣而卫气沉。”这句话意思是说，在天气炎热时气血畅通，天气寒冷时则气血凝滞沉涩。此外，《素问·脉要精微论》里还有关于四季脉象的记载：“春日浮，如鱼之游在波；夏日在肤，泛泛乎万物有余；秋日下肤，蛰虫将去；冬日在骨，蛰虫周密，君子居室。”这句话意思是说：四时的脉象，春脉浮而滑利，好像鱼儿游在水波之

中；夏脉则在皮肤之上，脉象盛满如同万物茂盛繁荣；秋脉则在皮肤之下，好像蛰虫将要伏藏的样子；冬脉则沉伏在骨，犹如蛰虫藏伏得很固密，又如冬季人们避寒深居室内。

以上充分说明了自然界气候的变化对人体气血经脉的影响是显著的。若气候的变化超出了人体适应的范围，则会阻碍气血的运行。《黄帝内经》云："经脉流行不止，环周不休。寒气入经而稽迟，泣而不行，客于脉外则血少，客于脉中则气不通，故卒然而痛。"这里的泣而不行是指寒邪侵袭于脉外，使血脉流行不畅；若寒邪侵入脉中，则血病影响及气，脉气不能畅通，则突然发生疼痛。

（3）二十四节气与人体的内脏活动密切相关

《素问·金匮真言论》里明确提出"五脏应四时，各有收受乎"的问题，即五脏和自然界四时阴阳相应，各有影响。《素问·六节藏象论》里则具体地说："心者，生之本……为阳中之太阳，通于夏气；肺者，气之本……为阳中之太阴，通于秋气；

肾者……为阴中之少阴，通于冬气；肝者，罢极之本……此为阳中之少阳，通于春气”此外在《黄帝内经》中还有肝主春、心主夏、脾主长夏、肺主秋、肾主冬的明确记载。

事实上，四时气候对五脏的影响是非常明显的。以夏季为例，夏季是人体新陈代谢最为活跃的时期，人们在室外活动特别多，活动量也相对增大，再加上夏季昼长夜短，天气炎热，所以睡眠时间也较其他季节少一些。这样，就使得体内的能量消耗很多，血液循环加快，汗出亦多。因此，在夏季，心脏的负担相对加重，如果不注意保护心脏，很容易使其受到损害。由此可见，“心主夏”的观点是很有道理的。

（4）二十四节气影响人体的水液代谢

关于这一点，《灵枢·五癃（lóng）津液》提到：“天暑衣厚则腠（còu）理开，故汗出……天寒则腠理闭，气涩不行，水下流于膀胱，则为溺与气。”这句话意思是说，在春夏之季，气血容易趋向于表，表现为皮肤松弛、疏泄多汗等；而秋冬阳气收藏，气血容易趋向于里，表现为皮肤致密、少汗多尿等，从而维持和调节人与自然的统一。

自然界一切生物都与二十四节气息息相关，人也不能脱离天地气息而存在。《素问·宝命全形论》记载：“人以天地之气生，四时之法成。”人体的五脏六腑、四肢九窍、皮肉骨筋等组织的生理活动无不受二十四节气变化影响。

《黄帝内经》从各个方面描述了人体随二十四节气变更而产生的生理性改变。二十四节气周而复始、环而无端的演变，使得天地万物有着春生、夏长、秋收、冬藏的节气性变化，人体的生理活动也随之变化。

但是，当四时节气发生变化而人体不能适应时，人体便很容易感受六淫病邪，继而

发生恶寒发热等一系列疾病。医圣张仲景认为四时节气的变化要保持一定的常度，四时节气太过或不及，都会对机体产生相应影响，导致疾病产生。

唐代《开元占经》中也记载“立春，当至不至，兵起，麦不行，疟病行；未当至而至多病燥疾。雨水，当至不至，旱，麦不熟，多病心痛；未当至而至，多病薨（hōng）[①]”等。因此，人体疾病的发生发展与二十四节气的节律变化也有着密切关系。

---

① 薨：古代用“薨”称作诸侯之死。后世有封爵的大官之死，也称作薨。此处其意为去世。

节气之“治疗法”

由于人体在二十四节气的转化中也会相应作出阴阳变化，所以在不同的节气天时条件下，中医治疗也有所宜忌。《素问·六元正纪大论》说：“用热远热，用温远温，用寒远寒，用凉远凉。”可见古人早已提出了四时节气用药远寒远热的戒律，指出治疗用药必须按四时节气寒热而制定。

韩祗（zhī）和对太阳中风之治，提出“病人两手脉浮数而缓，名曰中风……若立春以后，清明以前，宜薄荷汤主之；清明以后，芒种以前，宜防风汤主之；芒种以后，至立秋以前，宜香薷（rú）汤主之”，正是考虑了节气的不同而相应进行方药的更改。张仲景在《伤寒论》人参白虎汤中也特别提及：“此方立夏后、立秋前乃可服，立秋后不可服。”这便是因为白虎过于寒凉，如在立秋后服用，则会使机体又受寒邪侵袭，产生“呕利而腹痛”的病症。可见历代医家在选方用药、煎煮服法上，尤重顺应节气之寒热远近。

除了用药讲究四时节气之外，针灸（jiǔ）同样遵循四时节气的寒热变化。“节气灸”是指在特定的时令节气，选择具有强壮作用的腧（shū）穴进行艾灸，以温壮元阳，激发经气，调动机体潜能，提高机体抗病与应变能力。这是因为按阴阳四时消长规律，人体阳气在春夏季多旺，秋冬季多敛。久病易伤阳，冬季之时，本不旺之阳受自然界影响更加虚衰，在此季节阴阳明显失衡，所以很多疾病都在冬季加重或诱发。若反季节在夏季利用“节气灸”防治冬病，则机体可顺应夏季自然界阳气隆盛的影响与激励，并最大限度利用夏季自然界与机体相对阳气充盛之时顺势而治，达到温元阳、化宿疾、平衡阴阳消除病根的目的。

因此，中医治疗巧妙地将四时节气的寒热与疾病的性质有机地结合起来，根据证候性质确定寒或热的治疗大法，再结合四时节气的寒热恰当地选择方、药、针灸等治疗手段，使其既能治病，又不致因治疗不当而产生不良反应。

节气之“养生方”

随着四季转移，节气转化，寒暑交叠，人体脏腑经络、气血阴阳、升降开合亦随之运化。《素问·宝命全形论》提道：“人以天地之气生，四时之法成。”我们借助天地之气而生，顺应春夏秋冬四时的自然规律而成长，时刻受到周围环境的影响。因此，我们要学会顺势而生，应时而养，只有这样我们才会健康长寿。

节气变化对身体的影响毋庸置疑，就二十四节气而言，冬至为阴极而生阳，夏至为阳极而生阴，二至为阴阳郁极而动之日，最是紧要。春分、秋分平分阴

阳，立春、立夏、立秋、立冬为四时更替之始。较之其他节气，二至二分四立，乃天地变化之大关节，故需养之以使人顺利过节，则身体健康、疾病不作。《素问·四气调神大论》就提道:“所以圣人春夏养阳，秋冬养阴……逆之则灾害生，从之则苛（kē）疾不起。”因此，我们要学会顺天时、通气血、调阴阳，若不顾四时变化之节气而妄耗精神肾气，致使正气不足，则于节时或生疾患。

中医学认为，春夏秋冬对应人体脏腑，相应时令节气应当针对性地调理脏腑。春季应肝，夏季应心，秋季应肺，冬季应肾。因此，春季养生应以头颈及气的升发为主，以应肝；夏季养生以手足及气的开散为主，以应心；秋季养生以胸腹、脊柱及气的收敛为主，以应肺；冬季养生以腰腿、手足及气的沉降为主，以应肾。不同的节气更是有不同的养生方法，我们会在后面的篇章进行一一介绍。

总之，二十四节气养生无处不蕴含着“天人合一”的中医理念，我们平常养生保健要顺应春夏秋冬和二十四节气的气候变化规律，遵循自然规律的变化，适当调整人体脏腑器官的作息活动。适合的时间做适合的事，可以帮助我们唤醒自我修复潜能，强身健体，以保养我们的先天真元，减少疾病的发生，达到延年益寿的养生目的。

节气之“中药房”

俗话说“三月茵陈能治病，四月青蒿当柴烧”，药物的采摘非常注意节气的不同。由于节气的不同，就会有温度、光照、水分条件等的差异，同一类中药在不同节气采摘其效能也有所区别，皆因草药生于自然之中，与人一样，“感天地之气以生”。

比如，东汉医家华佗治疗黄痨（láo）病（肝炎）患者时，以青蒿入药疗效欠佳，但于开春之时，用幼嫩新鲜

的青蒿（茵陈）入药则有效。再以附子为例，唐代就已记载其质量与“采时收月”有关。现在已有研究表明，附子在立夏至秋分（5~9 月）之间采摘制成的冷浸液可抑制心脏传导，若在立冬至下年雨水（11 月至次年 2 月）之间采摘制成的冷浸液不仅没有抑制作用，反而有强心作用。这正是说明了药材的采摘必须与节气相适应，否则方不对药而效不显。

第三章

探索藏在节气中的秘密

林帝浣　绘

立春

立春，又名正月节、岁节、改岁、岁旦等，是每年公历2月3～5日交节，是干支历寅月的起始，是二十四节气之首。立，有开始之意，标志着冬去春来、万物复苏；春，代表着温暖、生长，象征着朝气蓬勃的生命力。俗话说“一年之计在于春”，昭示着一个新的开始，万物闭藏的冬季已然过去，万事万物开始进入风和日暖、生机盎然的春季。

春打五九尾，春打六九头

立春，是时序轮转、日夜更迭的漫漫光阴里具有仪式感的一天。对我国古人而言，春耕如晨钟，秋收似暮鼓，立春之日寓意盛大。我国民间有从冬至这一天开始“数九”的习俗，关于立春，民谚有“春打五九尾，春打六九头”之说，其意是，立春这一天要么在五九的最后一天，要么在六九的第一天。两者经常而又不规则地交替着，但无论是“五九尾”还是“六九头”，立春的到来，都是农民朋友准备新一年耕种的时候，提前做好各项农事安排，有利于农作物更好生长。因此，每当立春之时，农村中到处都能听到“咚咚盰（hàn）、咚咚盰”的春锣春鼓声并伴有节拍的唱词，以此来迎接春天的到来。

传说，在明代，有个知府，在上任的前一年春天，气候非常寒冷，虽说立春已有很长时间了，花草树木却都未见发芽。知府心想这不是一个好兆头，便立即下令，要百姓去寻找发了芽的树枝送到知府衙门，谁送得早，就有奖赏。

次日，便有吴姓和周姓两人，找到了几枝发了芽的杨木，送到了知府的衙门。知府见了，心里自然大喜，认为是送来了吉祥。吴、周两人也因此得到了知府的重赏。同时，知府又要他们两人明年更早些来报春。

恰巧，第二年因为冬季比较暖和，正月初一立春，周、吴两人除了带着发了芽的杨柳，还各自拿了一面小锣鼓，一起来到知府衙门报春。他们一边敲锣，一边唱起自己编的吉利奉承话。知府格外高兴，给了周、吴二人双倍的奖赏。这样一来，周、吴受赏的消息传到了其他老百姓那里。来年，其他百姓也仿照着周、吴二人的样，成群结队地上衙门报春。

知府见到如此多的百姓都来了，但又拿不出足够的银钱赏给百姓，便对大众说：“报春是件大喜事，一年之计在于春，春回大地早，是万民之福。你们可以拜吴、周二人为师，到各地村庄的乡亲们家里去报春。本府从今往后，也会在立春时节办个盛大的迎春大会，与民同乐。”于是，从那时候起，各地便逐渐形成了打春的风俗。

打春之后，可以说我们也进入了春季。中医的阴阳学说认为四季可以分阴阳，阴阳之中复有阴阳。“立春”时期，冬天的寒气还未散去，整体偏寒，而寒属阴，故春季属阴；但此时阳光逐渐增多，温度逐渐上升，阳气也越来越旺，故春季为“阴中之阳”。

春天虽然美好，但不少人一进入春天就特别容易犯困，总感觉睡不够，工作也没精神，疲惫乏力、头晕、哈欠连连，兼有食欲不振等不适，这叫“春困”。为什么会出现春困呢？我们怎么做才能远离它呢？

中医学认为，冬主藏，冬天阳气闭藏，即成为阳根。阳根越旺，下焦越充实，春天的升发越有力，人也就越健康。春天阳气升发，本来人们应该表现出精力充沛、活泼好动的特点，但若冬天潜藏和储蓄的阳气不能满足春天升发的需要，人体就会出现“春困”的症状，提示我们身体存在着阴阳失和、气血失调、脏腑失衡的情况。

春困与脾阳虚而湿浊内滞也有着密切关系。春季为一年之始，阳气始生，清阳上升，人若应之，清气升而浊气降，升降和调，则神清而气爽；若不能相应，清阳之气不能上升，则失其升发滋养之用。在五脏当中，脾主升清，主运化。脾阳旺盛，则清阳能升，浊阴能降，气血通畅，精神自安。若脾虚，水饮运化失司[①]，则易生湿浊。湿浊又会困脾，导致脾阳更虚。如此形成恶性循环，导致“春困”连连。

① 水饮运化失司：体内水液失去管理。

但是大家不要担心，足三里这个穴位能够帮我们赶走春困，它是人体足阳明胃经上的要穴，位于腿部外膝眼下 3 寸，距胫骨前缘外侧一横指处，是人体的保健要穴。如果经常用不同的方法刺激它，可以起到调理脾胃、补中益气、通经活络、疏风化湿、扶正祛邪之功效。《黄帝内经》言：“胃者为水谷之海，其腧上在气街，下至三里。”所以，足三里能调节全身水谷精微的输布，使得脾升胃降、气机调和，从而使人体神清气爽，摆脱春困的烦恼。

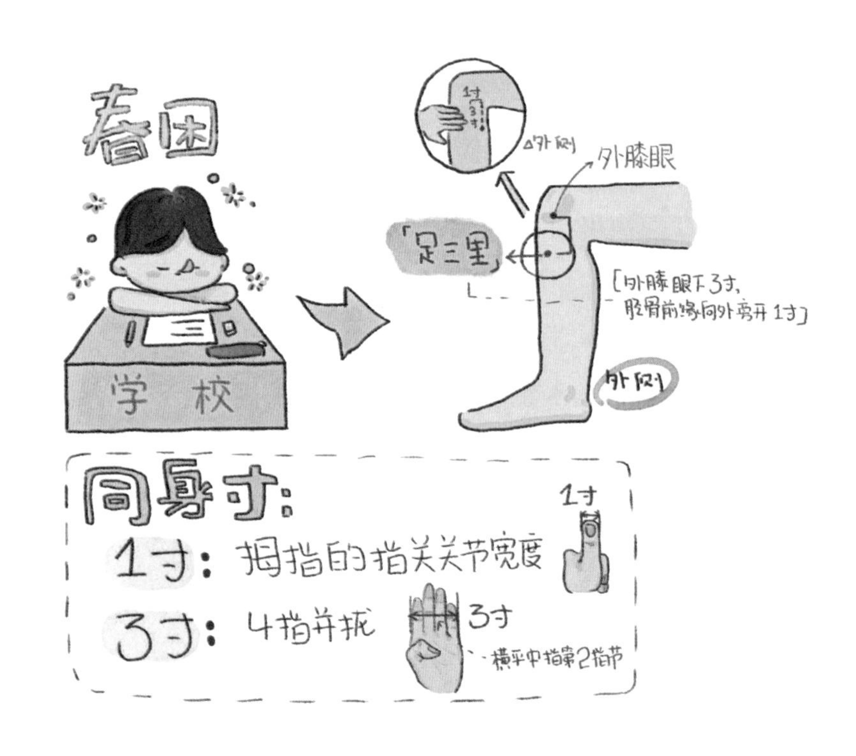

立春为什么要养肝?

《史记·太史公自序》云:“夫春生夏长，秋收冬藏，此天道之大经也。弗顺则无以为天下纲纪。”中医五行学说认为“春生夏长，秋收冬藏”是万物的特性。在人体五脏之中，肝主疏泄，天人相应，肝与春气相应，五行属木。立春之后万物复苏，也是肝气升发的季节。

所以，从立春开始，人们就应该养护肝脏。老话说“春季养生先养肝”，只有肝气疏发条达，人体气血才能通畅。《黄帝内经》里说:“春三月，此谓发陈[①]，天地俱生，万物以荣，夜卧早起，广步于庭，被发缓形，以使志生……此春气之应，养生之道也。逆之则伤肝，夏为寒变，奉长者少。”肝气在春季也最容易郁结，所以春季养肝的首要原则是保持愉悦的心情，避免闷闷不乐、抑郁、烦躁等负面情绪。所以，我们要充分利用春季大自然“发陈”之时，促进人体新陈代谢。

中医理论认为“肝主情志”“怒伤肝”。因此，养肝的关键就是要保持心情舒畅，忌暴怒或心情忧郁。我们可以通过外出活动、多晒太阳等调养情绪的方法，使春阳之气得以宣达，从而达到人体脏腑功能正常运行的目的。

---

① 发陈：意为推陈出新，形容春季阳气升发、万物复苏、植物萌生的大自然景象。

节气小药膳

立春之时，饮食调养要注意阳气升发的特性。《素问·脏气法时论》曰："肝主春……肝苦急，急食甘以缓之……肝欲散，急食辛以散之，用辛补之，酸泻之。"在五脏与五味的关系中，酸味入肝，具收敛之性，不利于阳气的升发和肝气的疏泄，因此立春应少吃酸性食物，宜多吃辛甘发散之品，如香菜、韭菜、洋葱、芥菜、萝卜、豆豉、茼（tóng）蒿、茴香、菠菜、黄花菜、蕨菜、大枣、百合、荸荠（bí qi）、桂圆、银耳等。

韭菜炒鳝丝

功效：温补肝肾，助阳固精。

食材：熟黄鳝丝 300 克，韭菜 150 克，植物油、盐、酱油、料酒、白糖、胡椒粉、香油、水淀粉、葱段、姜末各适量。

做法：

①将熟黄鳝丝洗净后切段。

②韭菜择净、切段。

③锅内加植物油，油烧至五成热时放入葱段炝锅，再放入鳝丝和姜末翻炒，再加料酒、酱油、盐、白糖、胡椒粉，用小火炒 4 分钟左右。

④待鳝丝入味后，加入韭菜翻炒至熟。

⑤最后加水淀粉勾芡，淋少许香油翻炒均匀即可。

干贝芦笋

功效： 补血养阴，滋补肝肾。

食材： 干贝（扇贝的干制品）85 克，芦笋 200 克，海蛤 300 克，盐、香油、葱花各适量。

做法：

①将芦笋去皮、切段。

②干贝温水泡发至软。

③海蛤吐沙、洗净，用沸水烫熟后去壳取肉备用。

④锅内倒香油烧热，放入葱花爆香，加入干贝、芦笋拌炒，再放入海蛤用大火略炒，加盐调味即可。

一年之计在于春，一日之计在于晨

这句谚语的意思是一年中收成的多少就在于春天种植的成功与否，不然秋后就可能没有收成。一天中最宝贵的时间在于早晨，从早晨开始努力学习，能够为一整天的学习打下基础，这样才能更好地掌握知识。这句话用于比喻凡事要趁早做打算，开头就要抓紧，我们应该珍惜宝贵的时间，不要虚度光阴。

那么，“春”和“晨”之间又有什么密切的联系呢？立春为什么要早起呢？

俗话说“立春雨水到，早起晚睡觉”，意思是春季睡眠养生要讲究早起晚睡。这是因为立春以后，天气转暖，阳气回升，万物升发，随着时间的推移，白昼时间越来越长，晚上时间随之变短，我们的作息也应随着这种变化而做出相应的调整，所以此时“晚睡早起”就变得很有必要。

事实上，“晚睡早起”是一种顺势而为的养生方法，若逆势而为则会

产生诸多不良后果。例如会导致人体内的阳气受到抑制，从而使人体气息不畅，邪气也会乘虚而入，造成“上火”，还可能伤害到肝脏，使肝气不畅。因为阳气受到抑制，到了夏天还可能产生寒性病变，导致能量不足，引发一系列疾病。因此，立春时节“晚睡早起”能够给人体一个升发的机会，是一种比较科学的养生之道。

当然，“晚睡早起”也要适可而止，不要极端化，晚睡也不宜过晚，早起也不宜过早。立春时节睡眠的最好时间是晚上 11 点至早晨 6 点多。

趣味谜语

音书两地隔，盼君一相逢（打一节气名）。

【谜底：立春】

雨水

雨水，是每年公历 2 月 18 ~ 20 日，是二十四节气中的第二个节气。雨水，含有两层意思：一是天气回暖，降水量逐渐增多；二是在降水形式上，雪渐少了，雨渐多了。俗话说“春雨贵如油”，意思是说春天的蒙蒙细雨像油一样可贵，形容春雨宝贵难得。对于农作物来说，适宜的降水对其生长尤为重要，这是农耕文化对于节令的反映。进入雨水节气，中国北方地区尚未有春天气息，南方大多数地方则已经春意盎然，为南方的春耕、春播等活动带来了机遇。

节气小故事

好雨知时节，当春乃发生

随风潜入夜，润物细无声

及时的雨好像知道时节似的，在春天来到的时候就伴着春风在夜晚悄悄地下起来，无声地滋润着万物。

杜甫用一首《春夜喜雨》，将“雨水”的美与感动表达得淋漓尽致。此时的杜甫，刚刚经过战乱的饥寒颠沛，终于在四川落脚，在朋友的支持下建立了一座草堂，生活总算暂时得以安定。虽然草堂仅仅是遮风避雨之所，但是草堂四周有大片闲地，可以用来耕作，种植果树、蔬菜，以此来维持家人的生活。正是这草堂的耕作生活，使他深深体会了农民的艰辛和盼望。雨水节气要有雨，才能润泽土地，确保种子的水源，否则就需要人力补水，或者预示今年大旱，收成不保。所以雨水节气降下春雨，是让人开心的事。

天降喜雨虽好，但是随着雨水节气的到来，气温回升、冰雪融化、降水增多，此时我们的机体最易被湿邪侵扰。《黄帝内经》称脾胃为“后天之本”“仓廪（lǐn）之官”，气血生化之源，是决定人健康长寿的重要因素。中医学认为脾为中土，易为湿邪所困。雨水节气之后，随着降雨增多，六邪之寒湿最易困扰脾胃，导致运化功能失司，水湿积聚于内，气血生化乏源，出现面色萎黄、疲劳、胃口差、食欲不振、消瘦或水肿等脾胃虚弱、水湿停留等症状。

节气小药方

《金匮要略》云“见肝之病，知肝传脾，当先实脾”，若脾胃调和、肝脾相益，则“四季脾旺不受邪”，机体夏长、秋收、冬藏都会泉源不竭。春对应肝，尽管此时节气温低，但勃勃肝气随着春天的到来正在尽情地抒发，此时人常易怒，情志不节易致肝郁横逆、脾虚失运，导致胸胁胀满、腹胀纳呆、腹中雷鸣、攻窜作痛、矢气频作、大便时干时稀等。所以，这一时期要加强对脾胃的养护，健脾祛湿。

俗话说“雨水送肥忙”，这个时节是庄稼如饥似渴地吸收养分的时候，同样苏醒过来的身体也需要补充能量，“八珍糕（方）”就是不错的选择。

八珍糕（方）由我国明代著名外科医学家陈实功在医事活动中创制。其由党参、茯苓、白术、扁豆、莲子肉、薏苡仁、山药等构成，有益气和中、健脾养胃的功效，用于脾胃虚弱、食少腹胀、面黄肌瘦、便溏泄泻等症，是良好的传统中成药，也是食疗的珍品。

据记载，清代光绪年间，西太后慈禧由于嗜食油腻肥甘病倒宫中。她不思饮食、消化不良、脘腹胀满、恶心呕吐、大便稀溏、闷闷不乐。太医李德生率众太医去为“老佛爷”会诊，认为其病是脾胃虚弱所致。经过众医研讨都认为该给“老佛爷”补脾益胃，开了八味既是食物又是药物的处方，诸药共研细粉，加白糖七两，用水调和后做成糕点，并取名“健脾糕”。

吃了此糕几天后，“老佛爷”的病状竟完全消失了，食量大增，周身亦有力了。“老佛爷”一高兴便将“健脾糕”改称为“八珍糕”。从此，“八珍糕”竟成了慈禧最喜食的食品。不管有病无病，总要让御膳房为她做“八珍糕”食用。

时至今日，八珍糕（方）仍然流传下来，由人参、白术、茯苓、芡（qiàn）实、薏苡仁、山药、扁豆、莲子肉等组成。方中人参、白术、茯苓三者能健脾和中、补中益气、宁心安神、利水渗湿，是四君子汤的主要成分；芡实能补脾止泻、养心益肾、补中益气、滋补强壮、和胃理气、开胃进食；薏苡仁能健脾开胃、补中去湿；山药能健脾胃、益肺肾、补虚劳、祛风湿；扁豆能理中益气、补肾健胃；莲子能健脾补心、益气强志、强筋骨、补虚损、益肠胃。

诸药合用，共同起到了健脾和胃、祛湿和中的作用。

春天可以随便减衣迎接夏天了吗？

答案当然是不可以！随着春回大地，万物复苏，不少人在早春时节便会穿着裙装、轻薄的衣服。虽说雨水之后气温在逐渐升高，但是此时天气仍乍暖还寒，变化不定，尤其是在北方，雨水时节是全年出现寒潮最多的时节之一，而且由于降水增多，导致寒中有湿，这个阶段一定要提防“倒春寒”对人体健康的影响。

孙思邈在《千金要方》中提到春时衣着宜“下厚上薄”，就是说春令时节，下身应多穿一些。中医养生谚语“寒从脚起，湿从下入”讲的也是关于腿脚的保暖。因此，雨水节气要适当“春捂”，不要过早脱棉衣，要根据气候变化添减衣物。

中医学认为，春天是阳气开始升发的时候，但是冬寒还未完全离去，故容易出现昼夜温差大的倒春寒情况，而寒邪主收引，春天又有阳气升发之势，所以容易导致寒邪外闭，内则郁热等寒热错杂情况。同时，由于春天气候湿度变大，倒春寒的时候更容易出现雨雪天气，从而使得寒湿二邪会结合在一起，最突出就是肩颈部的紧绷、酸胀、酸麻等不适感，其次就是老人家常见的腰膝酸痛等。

因此，雨水节气要适当春捂，不能以为气温暂时升高就可以马上脱掉冬装，昼夜温差大的时候，早晚更要注意保暖，尤其是关节部位的保暖。

雨水节气宜少吃酸味食物、多吃甜味食物以养脾。中医学认为，春季与五脏中的肝脏相对应，人在春季肝气容易过旺，太过则克己之所胜，肝木旺则克脾土，对脾胃产生不良影响，妨碍食物的正常消化吸收。

因此，雨水节气在饮食方面应注意补脾。甘味食物能补脾，而酸味入肝，其性收敛，多吃不利于春天阳气的升发和肝气的疏泄，还会使本来就偏旺的肝气更旺，对脾胃造成更大伤害。故雨水饮食宜少酸增甘，多吃甘味食物，如山药、大枣、小米、糯米、核桃仁、豇（jiāng）豆、扁豆、黄豆、胡萝卜、芋头、红薯、土豆、南瓜、桂圆、栗子等，少吃酸味食物如乌梅、酸梅等。同时宜少食生冷油腻之物，以顾护脾胃阳气。

金橘山药小米粥

功效：疏肝健脾。

食材：金橘 20 克，鲜山药 100 克，小米 50 克，白糖 15 克。

做法：将金橘洗净，切片备用；鲜山药去皮、切片，与金橘片及淘洗干净的小米一同入锅；加入适量水，用大火煮开后，再改用小火熬成稠粥，加入白糖即成。

陈皮荷叶茶

功效：理气和胃，健脾利湿。

食材：干荷叶 10 克，干山楂 20 克，薏苡仁 10 克，陈皮 10 克，冰糖少许。

做法：将所有材料放入锅中，加水滚沸后继续煮 5 分钟，关火，稍凉后即可饮用。

七九八九雨水节，种田老汉不能歇

这句谚语的意思是进入雨水时节，随着温度的上升，土壤开始解冻，农民朋友开始进行耕地等一系列农事活动，农田呈现出一片热火朝天的繁忙场面。这反映了古代劳动人民对农业生产活动的重视，以及人们对“风调雨顺、五谷丰登”丰收景象的向往与期盼。

雨水节气农民伯伯马不停蹄地进行农耕活动，对于人体来说，我们也要把身体及时发动起来哦！

中医来讲，春季白天渐渐延长，黑夜慢慢缩短，阳气渐长。阳主动，阴主静，阳气生长了人就要顺应大自然的气机，跟着大自然的节奏走，减少睡眠的时间，增加活动的时间。阳气为生命之本，阳气升发，生命力自然就旺盛。任何运动都需要全身上下、内外的参与，能够起到抒发阳气、疏通经络、促

进气血运行的作用，还能改善消化吸收、推动新陈代谢、滋养五脏六腑，从而到达内外兼顾、身心兼顾的效果。

但是，雨水节气之时，早晚仍然较为寒冷，雾气较大，不宜做过于激烈的运动，避免因为消耗太过而使身体失去对肝气的控制，导致肝气过剩而出现发热、上火等症状。可做些散步、打太极拳等较轻松的运动，让肝气慢慢地上升。运动虽好，但也要适当哦！

趣味谜语

雾散之后冰消融（打一节气名）。

【谜底：雨水】

惊蛰

惊蛰，又名启蛰，是每年公历3月5～6日交节，是干支历卯月的起始，也是二十四节气中的第三个节气。“蛰”是藏的意思，冬季时，昆虫都在地下或者温暖的地方藏着，像冬眠一样，到了三月份，阳气上升，气温回暖，春雷始鸣，雨水增多，惊醒蛰伏于地下冬眠的昆虫，故称为惊蛰。俗话说“春雷响，万物长”，惊蛰是全年气温回升最快的节气，此时春意盎然，万物都蓬勃生长。

节气小故事

惊蛰梨，驱百虫

春雷响，惊醒蛰伏于地下冬眠的昆虫，自此万物生。同时，此时正是农作物生长的季节，所以吃梨也是人们心里的一个寄托，“梨”与“离”同音，人们希望家里的作物能够和害虫分离，获得大丰收。

又传说，在明代洪武年间，富甲一方的晋商渠家先祖渠济，年轻时靠着自家家乡上党产的梨倒换祁县的红枣、粗布而发家，并带着家人在祁县定居。直到清代雍正年间，渠家的第十四代子孙渠百川，恰逢惊蛰这天要走西口，他的父亲就拿出梨，让他吃掉并嘱咐道：“先祖通过贩梨发家，历经了千辛万苦才定居于此，今天适逢惊蛰，你要走西口，希望你吃了梨会不忘祖先，努力创业，光耀门楣。”后来渠百川不负所望，创业成功。之后其他人在走西口时也效仿渠百川，在惊蛰这一天吃梨，希望离家创业，努力荣祖。久而久之，惊蛰吃梨便被赋予了创业有成、光宗耀祖之意。

同时，在民间有“惊蛰吃梨”之说，这也跟中医养生的原理息息相关喔！梨性微寒且甘润，能生津清热、润肺止咳、消食除滞。在惊蛰吃梨，可以顺肝气、养脾气、润肺燥；另外，惊蛰后气温回暖，同时会致灰霾天气常现，人体容易外感咳嗽、口干舌燥，所以此时适合吃清热润肺的梨哦！

节气小穴位

惊蛰到了，我们人体处于什么状态？此时能不能在身体上找到一些穴位来进行我们惊蛰时节的养生保健呢？

惊蛰节气到了，此时春雷响过，深藏在地下的小虫子们，因为春雷的声响而纷纷苏醒，它们想要往地面上爬，此时，经历过寒冬而冻住的土地，也正好因为小虫子的活动而变得松软起来，小树苗们也趁着这个时候生芽抽枝。其实，上面所描述的生长状态跟我们人体内在的状态是相似的。我们可以将身体中的阳气比喻成为小火苗，在立春之时、雨水之际，我们通过各种运动养生、药膳养生的方法去刺激我们身体中小火苗的升发。到了惊蛰，我们需要像春雷响过一样，向身体的阳气吹起号角、发号施令，让身体的阳气开始工作，逐渐旺盛起来。

此时，从穴位养生的角度来说，我们需要刺激我们身体上一个特殊而又明显的穴位，这个穴位在人体直立天地之间的时候位于人体的最高处，有升阳举陷的功效，这个穴位就是百会穴。百会穴在我们两个耳尖连线与头顶正中线的交点位置。正如其名，百会穴是阳经汇聚之处，我们平时可以用手点按百会穴，也可以在梳头的时候用梳子对百会穴进行适度的刺激，从而激发我们身体阳气，使经络得以疏通，阳气能够更好升发。这样我们就会精神抖擞起来，生发出春日应有的朝气！

虫子也能入药?

随着惊蛰的到来，气温逐渐升高，蛰伏的昆虫开始苏醒活动。其中蚯蚓出土是惊蛰的现象之一。“一声大震龙蛇起，蚯蚓虾蟆也出来”，这句话出自宋·张元干的诗《甲戌正月十四日书所见来日惊蛰节》，而此处提及的蚯蚓，也就是地龙。

这蚯蚓真的能入药？真的能用来治病？让我们来一探究竟吧！

相传，宋太祖赵匡胤（yìn）登基不久，“缠腰火丹”（现在叫带状疱疹）和哮喘并发，痛苦不堪。太医院的医官们绞尽脑汁，仍然久治不愈。后来，经民间举荐，说洛阳有位叫“活洞宾”的郎中医术高超，便立刻请其入宫。“活洞宾”把蚯蚓装在罐子里，撒上蜜糖使其化成水液，一些涂在太祖患处，另外一些让太祖服下，太祖果然立感身体清凉舒适、疼痛减轻。太祖立刻问：“这是何药，既可内服，又可外用？”“活洞宾”道：“正因皇上是真龙天子，民间俗药当然不能奏效，然此药名为地龙，以龙补龙，方能奏效。”从此，地龙的名声与功效也就传开了。

中医学认为，此药味咸，性寒，入肝、脾、肺、膀胱经，有清热息风、清肺平喘、通经活络、清热利尿之功，对于壮热惊厥、抽搐、肺热咳喘、风湿热痹、关节红肿疼痛、屈伸不利、热结膀胱、小便不利等病症有良好疗效。本品性寒滑利、下行降泄，善能清热平肝、息风止痉。《本草纲目》道其：“性寒而下行，性寒故有解诸热疾，下行故能利小便，治足疾而通经络也。”药理研究表明，地龙含蚯蚓解热碱、蚯蚓素、蚯蚓毒素等，能够解热镇静、抗惊厥、扩张支气管等。

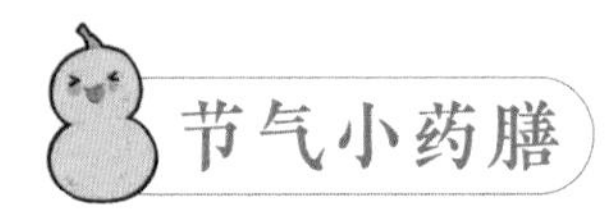

节气小药膳

惊蛰时节仍要贯彻“少酸多甘”的饮食养生原则，保证肝气升发、肝血充沛，同时要适当兼顾补益脾胃，饮食宜清淡稍温、富有营养、少食辛辣刺激、生冷油腻的食物，以免助阳太过伤及脾胃。

春季多风，风邪容易袭表，影响人体腠理开合，容易出现项背僵痛、鼻塞、喷嚏等不适，故此时还应选用祛风解表之品。推荐大家可以食用韭菜、洋葱、香椿、春笋、菠菜、芹菜、羊肝、牛肉等。

鲜梨贝母汤

功效：养阴清热、利咽生津、化痰止咳。

食材：梨 1 只，川贝母 3 克，陈皮 1 小块，蜂蜜适量。

做法：梨洗净去皮、核，切成小块；川贝母、陈皮洗净；将处理好的梨、川贝母、陈皮一起放入碗内或炖盅内，加入蜂蜜水适量和水 1 杯，上笼蒸约 1 小时即可。

橘红蜇皮鸭肉汤

功效：化痰利气、益气消食。

食材：橘红 5 克（以广东化州道地药材为佳），大枣 3 枚（以个大饱满者为佳），鸭肉 100 克，海蜇皮 10 克，冬瓜 30 克，酱油、盐、香菜、葱、蒜末、白糖各适量。

做法：

①橘红、海蜇皮分别洗净，稍浸泡，大枣洗净去核，掰成小块，冬瓜去皮切块。

②鸭肉置入沸水捞出后洗干净备用。

③高压锅加水 500 毫升，水烧开后，放入鸭肉煮熟。

④然后一起与冬瓜、橘红、海蜇皮、大枣一起下锅，武火煲沸后改文火煲 1.5 小时，放入酱油、盐、香菜、葱、蒜末、白糖等调味品即可。

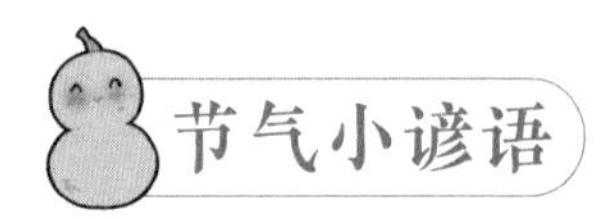

雷打惊蛰前，四十九天不见天

这句谚语的意思是还没有到惊蛰节气就开始打雷下雨的话，那么在后面的四十九天就会出现连续低温阴雨的异常天气。一般在惊蛰日及惊蛰日后听到雷声是很正常的，预示今年会风调雨顺、五谷丰登。

那么，对于人体来说，惊蛰的这声“雷”到底是想惊醒人体内蛰伏的什么呢？

在人体内蛰伏的其实是我们的阳气，晚上在我们睡觉的时候，阳气也蛰伏着，等到第二天起床之后再将供给我们白天的能量逐渐释放；同样地，在秋冬季节，我们的阳气也相应地被潜藏了一些，因此待到春天万物复苏的时候，我们的阳气也需要跟着升发起来，“春主醒，主动”。

一年有 24 个节气，而一天有 24 个小时，一天也就是一年的缩影，所以二十四节气其实也能对应上一天的不同时间点。3 点立春，4 点雨水，5 点惊蛰，6 点春分，7 点清明，8 点谷雨；9 点立夏，10 点小满，11 点芒种，12 点夏至，13 点小暑，14 点大暑；15 点立秋，16 点处暑，17 点白露，18 点秋分，19 点寒露，20 点霜降；21 点立冬，22 点小雪，23 点大雪，24 点冬至，1 点小寒，2 点大寒。春夏季昼长夜短，秋冬季昼短夜长，人们常说“早睡早起”，那么到底几点起床可以称为“早起”？

“惊蛰”节气对应的是一天之中的5点，惊蛰代表着蛰伏潜藏的万物苏醒的时刻，所以在春季尽量做到在早上5点起床，就是我们所说的“早起”。这个时候醒来做一些简单的活动，我们的阳气才能更好地升发起来。

如果人不早起，阳气没有升发起来，人就会感到乏力，同时还容易发脾气（因为阳气长时间憋着会成为火气，所以人就脾气大）。所以，要记住“早起”不无道理喔！

趣味谜语

惊蛰黄河开，昼夜此相停（打一节气名）。

【谜底：春分】

春分

春分，是春季的第四个节气，时间在每年公历 3 月 19 ~ 22 日。春分的“分”：一指“季节平分”，传统以立春到立夏之间为春季，而春分日正处于两个节气之中，正好平分了春季；二指“昼夜平分”，在春分这天，太阳直射赤道，昼夜等长，各为 12 小时。春分时节，阳光明媚、气候温暖。在这时节，中国民间也有放风筝、吃春菜、立蛋等习俗。

很久很久以前，有一位帝王叫炎帝，他是一位关心子民的好帝王。当他知道人们吃不饱时，他就向上天祈求赐予民间五谷的种子，让人们种出粮食来填饱肚子。因此，上天派来一只红色的丹雀把五谷种子送到炎帝手上。

热爱子民的炎帝把五谷种子分给了百姓后，人们把五谷种子种到地里，每天都期盼着有好的收成。可是过了很长一段时间，那些五谷苗却并没有开花，更没有丰收的粮食。于是，炎帝去问上天，上天说，那是因为太阳躲起来睡着了，五谷的种子没有接受足够的太阳光，因此长不出花、结不出果来。

他问:“怎么才能把太阳召唤出来呢？”上天说:“需要有一个人在春分这天，骑上五色鸟，到蓬莱岛把太阳找回来重新挂在天上。”蓬莱岛是仙岛，从来没有人去过那里，据说要历经重重困难才能到达岛上。而为了子民的幸福生活，炎帝决定亲自去岛上把太阳找回来。

于是在春分这天，炎帝骑上五色鸟飞越万里大海，飞到蓬莱岛去。说来也奇怪，原本波涛汹涌的大海，那天却变得非常平静。炎帝来到蓬莱岛后，一把抱起太阳，骑在鸟背上飞回了家乡。他把太阳挂在家乡的城头，让太阳光普照在大地上。从此大地五谷丰登，万民安乐。而炎帝则被人们尊奉为太阳神。人们十分感恩太阳神炎帝，于是每年到春分这一天，总会向着太阳祭拜，人们还会学炎帝站在鸟背上的样子站立，甚至后来人们发现连鸡蛋也可以在这一天站立起来。

而在春分那天过后，燕子就会从南方飞回来，春雷、闪电也会开始到来。

故事中丹雀送来的“五谷”究竟是什么？又有哪些功效呢？让我们一起来看看“五谷”的奥秘。

其实，早在《黄帝内经·素问》中已有“五谷为养，五果为助，五畜为益，五菜为充，气味合而服之，以补精益气”及“谷肉果菜，食养尽之，无使过之，伤其正也”的记载。

什么是五谷？现在五谷泛指粮食类作物的总称。在《孟子滕文公》中称“稻、黍（shǔ）、稷（jì）、麦（mài）、菽（shū）”为五谷。

稻　稻中常用于入药的是稻芽。稻芽味甘，性温，归脾、胃经。《本草纲目》云：“消导米、面、诸果食积。”其功效为消食和中、健脾开胃，作用和缓，助消化而不伤胃气。其生用长于和中；炒用则偏于消食。

黍　黍中黍米、黍茎、黍根均可入药。因黍茎和黍根不常用，仅举黍米为例。黍米，即生活中的黄米，可做年糕。《本草纲目》云其可治妊娠尿血，利小便，止上喘。其功能利尿消肿、止血，可用于小便不利、脚气、水肿、妊娠尿血等。

稷　稷为百谷之长，因此帝王奉稷为谷神，把国家称为社稷。稷指的就是粟米（即小米）。粟米味甘、咸，性凉；功效为和中、益肾、除热、解毒；主治脾胃虚热、反胃呕吐、腹满食少、消渴、泻痢、烫火伤等。陈粟米可除烦、止痢、利小便。《日用本草》云其“与杏仁同食，令人吐泻”，意思是小米与杏仁同用可能会造成呕吐腹泻，值得注意。

麦　小麦可加工成面粉，是生活中常见的食物材料，它身上又有哪些是常用的中药呢?

①麦芽：味甘，性平，归脾、胃、肝经；功效为消食健胃、回乳消胀；其生用长于健脾养胃，炒用长于行气消积。

②浮小麦：味甘，性凉，归心经。浮小麦是小麦未成熟的颖果，具有固表止汗、益气、除热的功效，主治自汗、盗汗、阴虚发热、骨蒸劳热。

菽　菽为豆类的总称，比如扁豆、绿豆、红豆、黑豆等，其中扁豆在中药中常用。扁豆味甘、性微温，归脾、胃经，具有健脾、化湿、消暑的功效。主治脾虚生湿、食少便溏、白带过多、暑湿吐泻、烦渴胸闷。

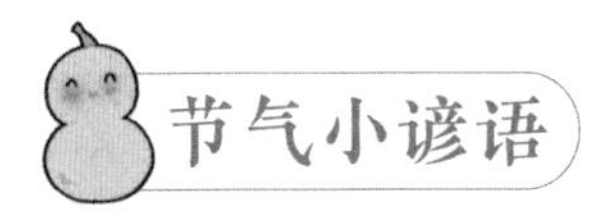
节气小谚语

吃了春分饭，一天少一线

看到这句谚语，大家肯定会有一个疑惑，即“春分饭”和“一线”指的是什么。让我们来一探究竟吧。

“春分饭”不单单是指某种饭，而是指春分这天要吃的食物。由于春分时节，昼夜等长、寒暑平分，所以为了健康，从中医的角度，大家最好要做到饮食规律平等、阴阳平衡。因此，春季饮食调养宜选辛、甘温之品，忌酸涩。

提到“一线”，我们需要先了解春分节气这天白天和夜晚是等长的，但是过了春分节气以后，白天比黑夜的时间会更长，并且白天的时间会越来越长。在天文学上，以春分这一天作为春季的始日，从这天开始太阳直射点逐渐向北移，北半球白昼的时间一天比一天长，到夏至达到最长。

古时候是没有钟表的，但是妇女们在做针线活时候，会用到纺纱织布的线，她们发现自从过了春分节气以后，每天都要比前一天多用一条线，然后太阳才会落山。也就是说春分节气以后白天会逐渐变长，天亮得更早了，天黑得更晚了。而这个“一线”的具体长度差不多是一米，换算成为今天的时间，也就是 1 分多钟，不超过两分钟。于是“吃了春分饭，一天长一线”的谚语流传至今。

节气小药膳

春分时节，昼夜等长、寒暑平分。因此，人们在养生方面应注意保持人体的阴阳平衡，要做到饮食规律平等、阴阳平衡。

春分时节正是调理体内阴阳平衡、协调机体功能的重要时机。我国古代名医孙思邈说过:“春日宜省酸增甘，以养脾气。”因此，春季饮食调养宜选辛、甘、温之品，忌酸涩。人们可以适当饮用蜂蜜，可入脾、胃二经，能补中益气、润肠通便、和中缓急。另外，春分时节人们可多吃春季时令菜。中医经典著作《黄帝内经》说要“食岁谷”，意思就是要吃时令食物。春天里植物生发出新鲜的嫩芽中，可以食用的春芽有很多，如香椿、豆芽、蒜苗、豆苗等。

杜仲腰花

功效：壮筋骨、降血压。药食合用，共奏补肾、健骨、降压之功。无病食之，亦可强健筋骨。

食材：杜仲 12 克，猪腰 250 克，葱、姜、蒜、花椒、醋、酱油、绍酒、淀粉、盐、白砂糖、植物油、味精各适量。

做法：将杜仲用清水煎浓至 50 毫升（加入淀粉、绍酒、味精、酱油、盐、白砂糖兑成芡汁，分成三份备用）。去除猪腰上的筋膜，切成腰花，浸入一份芡汁内。葱、姜、蒜洗净分别切段、片待用。将炒锅用大火烧热，倒入植物油烧至八成热，放入花椒，待香味出来，投入腰花、葱、姜、蒜，快速炒散，加入芡汁，继续翻炒几分钟，加入另一份芡汁和醋翻炒均匀，起锅即成。

大蒜烧茄子

功效：凉血止血，消肿定痛。本方取茄子甘寒之特性，清血热、散瘀肿、利水湿、止疼痛之功效，佐以辛温之大蒜，可暖脾胃、行气滞、消癥瘕（zhēng jiǎ）、解邪毒。茄子中所富含的维生素 D，能增强血管弹性，防止小血管出血。

食材：大蒜 25 克，茄子 500 克，葱、姜、淀粉、酱油、白糖、盐、味精、植物油、清汤各适量。

做法：将茄子去蒂洗净，切成两瓣，在每瓣的表面上划上十字花刀，切成长 4 厘米、宽 2 厘米的长方形块（不要切断）。葱、姜洗净切碎，大蒜洗净切成两瓣备用。将炒锅置于大火上烧热，倒入植物油，待油七成热时，将茄子逐块放入锅内翻炒至黄色时，再下入姜末、酱油、盐、蒜瓣及清汤，烧沸后，用文火焖 10 分钟，翻匀、撒入葱花，再用白糖、淀粉加水调成芡，收汁搅匀，最后加入味精起锅即成。

运动养生

春分容易春困，消除春困最好的方式是采用有氧运动，如快走、慢跑、普拉提、瑜伽、太极拳等锻炼形式。这些运动能加快人体的新陈代谢，增强免疫力，增加机体和脑部供氧。

注意：进行有氧运动时强度不宜太大，频率可以选择每周 3 次。

趣味谜语

春分不春分，扫墓祭亡灵（打一节气名）。

【谜底：清明】

清明

清明，是公历4月4～6日交节。清明是干支历辰月的起始。清明，是二十四节气中的第五个节气，在春分之后、谷雨之前，处在仲春与暮春之交。“清明”含有天气晴朗、空气清新明洁、逐渐转暖、草木繁茂之意。据《岁时百问》记载：“万物生长此时，皆清洁而明净。故谓之清明。”清明在二十四节气中尤为特别，它不仅是一个反映物候变化的节气，还是一个十分重要的祭祖节日。

清明

唐·杜牧

清明时节雨纷纷，路上行人欲断魂。

借问酒家何处有？牧童遥指杏花村。

清明时节，江南细雨纷飞，在路上行走的人们个个都如同丢了魂一样伤感低落。借问一句，何处有消愁的酒家？放牧的儿童指向远处的杏花村。诗人用优美生动的语言，描绘出了一幅鲜活生动的清明雨中问路图，借清明景物抒发了诗人的思乡之情。

清明时节，人们往往会时刻思虑着逝去的亲朋好友，导致失落悲伤。中医学认为，人有喜、怒、忧、思、悲、恐、惊七情变化。《素问·阴阳应象大论》中提到“人有五脏化五气，以生喜怒悲忧恐”，怒、喜、思、忧、恐又被称为“五志”，五志与五脏有着密切的联系。清明时节，正是肝气旺盛之际，肝气“犯脾”，而脾对应五志中的忧，脾不好自然会让人忧伤过度。

相信大家对清明节气都有一定的了解，清明节气因“气清景明、万物皆显”而得名，意思是说在这个时节里，天清气朗，阳光明媚，万事万物都是一副生机勃勃的景象。那么你们知道清明节时我们应该按摩身上的哪些穴位来增强我们的体魄吗？

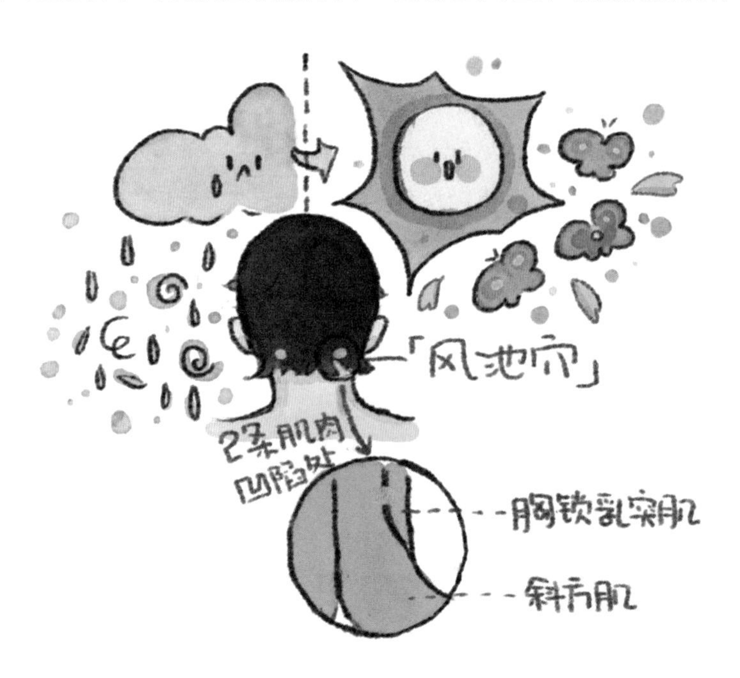

“清明时节雨纷纷，路上行人欲断魂。”在清明节，大家都会上山祭祀扫墓、追悼逝去的亲人，因而容易触景生情，让人肝气郁结。特别是健康状态较差的中老年人，尤易悲伤过度，从而引发一系列心脑血管等方面的疾病。因此，在清明节前后，大家应该注重调整情绪，让自己的心情保持舒畅平静，不要损害到我们的肝气。

从穴位养生的角度来说，此时可以刺激一些具有条畅肝气、清利头目等作用的穴位，例如日月穴、期门穴、风池穴等。其中，风池穴就是我们做眼保健操时经常用到的穴位，它在我们的后脑勺，在胸锁乳突肌和斜方肌上端两条肌肉中间凹陷处，经常按摩刺激风池穴可以让我们的头脑保持清醒，双眼明亮有神，避免肝气郁结。

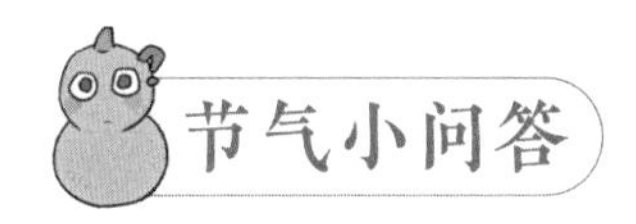

“发物”到底是什么呢？

在清明节我们都说要少吃“发物”，那么发物是指什么呢？在日常生活中哪些食物属于发物呢？接下来让我们一同来一探究竟吧！

从中医角度来说，春与肝相应，清明时节我们体内的肝气会到达最高峰。常言道，过犹不及，任何事物的发生发展都应该把握一个度，因此，若肝气过于旺盛，则会对我们的脾胃产生不好的影响，会阻碍食物的正常消化与吸收；肝气同样会影响我们的情绪，导致情志失去控制，可能会降低我们的食欲，也可能会引发各种各样的疾病。

所谓“发物”，是指易引动肝风、助火助邪、升发阳气的食物，例如羊肉、鹅肉、鱼、虾等，摄入这类食物容易引起很多疾病的发生。如《本草纲目》中说：“鹅，气味俱厚，动风，发疮。”而上面我们已经了解到清明正值肝阳上升之时节，若此时再过多的摄入发物，只会导致我们产生一系列的疾病。从中医养生上来说，清明时节宜食清淡甘润食物，注意养肝护肝，应多吃“柔肝”的食物，饮食宜温，清补为主，多吃时令蔬菜。

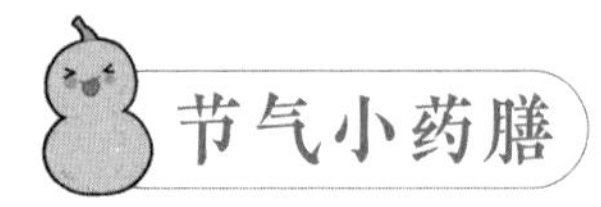

清明节气仍应保持“食甘减酸”的饮食习惯，宜食清淡甘润食物，注意养肝护肝。中医学认为“春与肝相应”，清明时节应多吃“柔肝”的食物，饮食以温、清、补为主，多吃时令蔬菜。

猪肝绿豆粥

功效： 补肝养血，清热明目，美容润肤。

食材： 新鲜猪肝 100 克，绿豆 80 克，大米 150 克，盐、味精各适量。

做法： 将猪肝洗净，切成小块；将绿豆、大米洗净；将处理好的猪肝、绿豆、大米一起放入锅内，稍搅拌，依据粥稠度可酌情增加水或继续熬煮，不要太稠；最后加入适量盐、味精等调味。

香椿芽拌豆腐

功效：开胃健脾，清热利湿，补阳滋阴。

食材：香椿芽 100 克，豆腐 200 克，盐、香油等调味品适量。

做法：将香椿芽洗净后，用开水烫一下，挤掉水分，再切成细末。将豆腐切成小丁，用开水烫一下，捞出盛放在盘内，加入香椿芽末、盐、香油拌匀即成。

清明前后，种瓜点豆

清明之时是气候温暖、雨量充沛的春日时节，一寸光阴一寸金。自古以来，智慧勤劳的劳动人民便懂得如何最大限度地利用每一寸春光，此时大江南北都是一片繁忙的春耕景象。这句谚语提醒着农民们，清明正是播种的绝佳时节。尤其是瓜菜豆类等蔬菜，更要在清明时节做好播种、育苗工作。

清明时节自然界阳气升发，保健养生重在养阳，关键还要多“动”，切忌“静”，不可闭门不出，更不可久坐久卧。清明节可以和小伙伴一起出去踏青、放风筝，适度运动。在出门运动的时候我们也要做好防护，因为清明时节气温上升速度较快，气温波动大，白天我们可以换上轻薄漂亮的衣裳，老年人也不必春捂，防止太热而出汗过多。等到了晚上，我们要及时添加衣物，避免受凉伤风。

同时，清明时节降雨偏多，雨水充沛，空气湿度增加，容易形成“湿邪”侵害人体，外界环境又暖又湿，很多致病微生物因此繁殖传播。所以，我们要保持良好的卫生习惯，多多洗手哦！

趣味谜语

日月交映绿池畔（打一节气名）。

【谜底：清明】

谷雨

谷雨，是二十四节气中第六个节气，也是春季的最后一个节气，公历 4 月 19 ~ 21 日交节。谷雨，取自“雨生百谷”之意。《群芳谱》上就说：“谷雨，谷得雨而生也。”这句话意思是说，谷雨前后天气较暖，降雨量增加，有利于春作物播种生长。

节气小故事

传说在黄帝时期，朝中出了个能人名为仓颉（jié），他花了 3 年的时间创造出了很多字。玉帝知道这件事，十分感动，决定重赏仓颉，于是给了他一个金人。

一天晚上，仓颉正在睡梦之中，突然听到有人喊他：“仓颉，快来领奖。”仓颉迷迷糊糊地睁开眼睛，看见地上立着个金人。他明白，这金人是天上神仙奖励自己的，但是他觉得自己只做了应该做的事，不配受这样的奖励。于是，他感谢完玉帝后决定把金人送到黄帝宫中。回到家后，仓颉又做了一个梦，梦中有人问他：“仓颉，玉帝给你奖赏的金人你不要，你想要什么呢？”仓颉想了想，说：“我想要五谷丰登，让天下的老百姓都有饭吃。”那人又说：“好，我去报告玉帝让他把金人收回去，给你送些谷子。”

第二天天气晴朗，仓颉正准备出门，抬头却见有谷粒从天上落下来，不一会儿，地上便积了一尺多厚的谷堆。仓颉十分高兴，他忽然想起梦中的情景，知道是玉帝对自己的奖励，便急忙去报告给黄帝。黄帝听了之后，也十分感谢仓颉，于是，他把下谷子雨这一天称作谷雨节，命令天下的人每年到了这一天都要歌舞欢庆、感谢上天。从此，谷雨节便一直延续下来了。

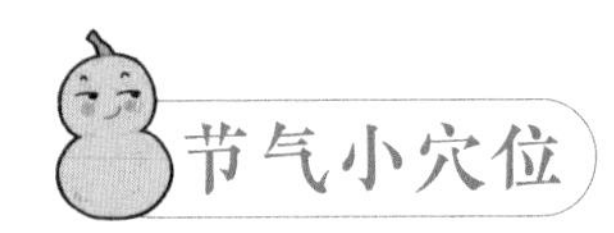

节气小穴位

俗话说“雨生百谷”，意思就是指当谷雨时节来临，雨水量显著增加，空气变得潮湿起来。而这时候湿邪容易侵犯我们的机体，影响我们的健康。因此，在这个时节养生应该以“祛湿”为主，从中医角度来说，湿气与我们的脾脏关系密切，所以祛湿可以从健脾方面入手。从穴位角度来说，人体穴位中有一祛湿之大穴——阴陵泉。下面就让我们一起来学习一下这个鼎鼎大名的穴位是怎么排出我们体内多余的湿气的吧！

阴陵泉穴位于我们的小腿内侧，在胫骨内侧髁下缘凹陷中，具有清利湿热、健脾理气的作用，是祛湿要穴。“阴”对应着水，“陵”则指的是小土丘，“泉”即泉水，阴陵泉穴是指循行于脾经中的水和脾土相互混合、堆积。由此可见，阴陵泉是脾经穴位中容易瘀堵之处，我们平时按压这个穴位也可以发现酸痛感尤为明显，因此若多按摩刺激阴陵泉穴，疏通经络，有助于脾经运行通畅，脾经功能良好，那么湿气就无法轻易地伤害到我们啦！所以大家在谷雨前后，可以多按摩阴陵泉穴，一直到疼痛感减轻甚至消失，那就意味着经络通了，多余的湿气自然也排出体外了。

“谷雨花”是指什么？

俗话说“谷雨三朝看牡丹”，意思就是说谷雨节气后 3 天，正是观赏牡丹的好时候！因此，谷雨花指的就是牡丹。牡丹在我们国家被赋予雍容华贵之意，它花型宽厚、花色鲜艳，被称为百花之王。古人有云:“唯有牡丹真国色，花开时节动京城。”这里也侧面烘托出牡丹的富丽高贵。

牡丹在中药中也发挥着巨大的作用，牡丹的根皮称为牡丹皮，又名丹皮。

相传在一千多年以前，有一织绸好手名叫刘春。随便哪种花、随便哪种鸟，她只需要仔细看两眼就能织出来。而且她织出来的花就像刚从枝头上摘下来的一样，娇艳欲滴；织出来的鸟栩栩如生，仿佛随时就要展翅高飞一样。

有一年，府台老爷的女儿要布置嫁妆，于是要求刘春在短短一个月之内就要织出24条带有牡丹花样的被面。但是刘春从未见过牡丹，根本无从下手。就这样过了半个月，刘春依旧没有一点头绪，眼看着期限过半，她愁的脸色蜡黄，身体也逐渐消瘦。有一天半夜，更是直接吐出一口鲜血来，昏倒在织布机上。这时，有一位美丽的姑娘翩然而至，她拿出一瓶药液喂入刘春口内，不消片刻，刘春就清醒过来了，并且感觉心情舒畅了些。这位美丽的姑娘对刘春说："我是牡丹仙子，因为抗拒武则天让百花在严冬开放的旨意，而从洛阳逃出。"说完，她挥一挥衣袖，庭院内立刻绽放出一朵又一朵的牡丹花。刘春喜出望外，望着这些盛开的牡丹，立即织起花来。后来府差拿着这些被面送给府台老爷，不料刚进府门，被面上的牡丹花竟然全部失去了颜色。府台老爷生气地派人去捉刘春，但刘春早已与牡丹仙子离去，只给人们留下了那个药瓶。药瓶内只有半瓶根皮样的药材，后来人们才认出那根皮正是牡丹皮。

刘春因为日夜思虑着如何织出这牡丹花来，胸中烦闷难以舒解，气滞导致体内瘀血生成，继而呕吐鲜血，后喝下牡丹皮制成的药液后，使胸中瘀滞之血得以运行通畅。正如《本草纲目》中说牡丹皮"和血，生血，凉血。治血中伏火，除烦热"，指的就是其具有清热凉血、活血化瘀的功效。

节气小药膳

潮湿多雨是谷雨时节的气候特点，湿为阴邪，易损阳气，易伤脾胃。如果人们的起居饮食稍有不慎，则容易感受湿邪，出现食欲不佳、便溏腹泻、身体困重、关节肌肉酸痛不适等脾虚湿困症状。因此，祛湿健脾、助脾运化是谷雨时期养生调理的重点。

饮食应注重健脾化湿，忌食生冷肥腻之物。可常食怀山药、芡实、薏苡仁、扁豆、赤小豆等食物以健脾利湿，或食陈皮、青皮、草果等以理气化湿，或饮藿香、佩兰等茶水以芳香化浊。忌吃生冷肥腻之物，以免进一步损伤脾胃、加重体内湿气困留。

蘑菇炒山药

功效：健脾益气，防止肝旺伤脾。

食材：干蘑菇、新鲜山药、芹菜、淀粉、盐、酱油、植物油适量。

做法：将干蘑菇清洗干净，用热水泡发直至变软，浸泡过蘑菇的水留下备用；新鲜山药去皮切成小片；芹菜切碎；锅中倒油，植物油热后，加入泡发好的蘑菇、山药片、芹菜炒熟，接着倒入泡菇水，待汤汁略收干后，再加入适量淀粉勾芡，最后加入适量酱油及盐调味。

海带银耳羹

功效：滋补肝肾。

食材：海带 50 克，银耳 20 克，冰糖适量。

做法：将海带清洗干净，切碎；银耳清洗干净，泡发切碎；将银耳与海带一起加水用文火煨成稠羹，最后加入适量冰糖调味。

趣味谜语

早欲宋江及时走（打一节气名）。

【谜底：谷雨】

夏季篇

林帝浣　绘

立夏

立夏，是二十四节气中的第七个节气，夏季的第一个节气，时间在每年的公历5月5～7日，它代表着夏天的开始，告别了春天，所以又称“春尽日”。立夏后，日照增加、气温逐渐上升，雷雨增多，农作物进入生长旺季，时至立夏，万物繁茂。正如《月令七十二候集解》中说：“立，建始也。”“夏，假也，物至此时皆假大也。”

节气小故事

立夏称重

民间有着立夏称重的习俗，至于此风俗源于何时已无从查考，据说是与刘阿斗有关。

相传三国时，刘后主阿斗是在长坂坡被赵子龙从曹军百万军中救出来的，因阿斗母亲已投井自杀，刘备把阿斗带在身边出征并不方便，就让赵子龙把阿斗送交给孙夫人抚养。赵子龙到吴国时正好是立夏节，孙夫人一见白白胖胖的小阿斗，就非常欢喜。但孙夫人也有顾虑，毕竟是晚娘，万一有个差错，不仅夫君面前不好交代，在朝廷内外也会留下话柄。美丽聪明的孙夫人想了一个办法：今天正是立夏，用秤把小阿斗在子龙面前称一称，到翌年立夏再称，就知道孩子养得好不好了。打定主意后，便立即将小阿斗过秤。这个故事传到民间，从此立夏就有了称重的习俗。

从中医的角度看来，其实立夏称重也是有一定道理的。过了立夏，天气逐渐炎热，很快就要进入酷暑，届时，大人和孩子都要面临暑热的考验，尤其是体质偏弱的人群，很容易在多变的气候中生病。因此，需要在夏天的起点让人们养成良好的健康习惯，既能平和过渡到夏季，又能减少疾病的发生。

入夏前后是容易发病的时节，不少人入夏后寝食难安，中医称之为“疰（zhù）[1]夏”，这是体质不耐酷夏之苦的缘故。立夏称一次体重，到立秋再称一次，通过比较家人经过一个夏季后的体重变化，进行适当调理可以防患于未然，同学们，大家也可以记录一下自己立夏节气的体重，每年都可以回顾一下自己一年来体格上的变化！

节气小穴位

立夏后，人们容易感到烦躁不安，因此立夏养生要做到“戒燥戒怒”，勿大喜大悲，保持精神安静、心志安闲、心情舒畅、笑口常开。中医学认为，夏季心阳最旺盛，当夏日气温升高时，人易烦躁不安、发脾气，机体的免疫功能也容易低下，特别是老年人，容易出现情志失调引起心肌缺血、心律失常、高血压的情况。所以，在春夏之交要顺应天气的变化，做好自我调节，重点关注心脏保养。

那么，我们身上有哪些穴位可以帮助自己养心安神、疏通经络、调和气血呢？让我们来一起学习一下吧！

① 疰夏：通常指夏季时出现的身倦、体热、食少等症。

第一个穴位是神门穴，这是一个位于我们手少阴心经的穴位，该穴位的定位是在腕前区，腕掌侧远端横纹尺侧端，尺侧腕屈肌腱的桡侧缘，可以治疗心痛、心烦、惊悸、怔忡、健忘、失眠、痴呆、癫狂痫、晕车等心与神志病证。第二个穴位，还是位于我们手少阴心经，叫作少府穴，它位于手掌面，第 4、5 掌骨之间，握拳时小指指尖所指凹陷处，少府穴具有清心泄热、理气活络的功效，可以用来治疗失眠、健忘、手掌麻木等问题。第三个可以用于立夏养生的穴位就是内关穴，它属于手厥阴心包经，位于前臂掌侧，腕横纹上两寸，掌长肌腱与桡侧腕屈肌腱之间，具有宽胸理气、宁心安神、和胃止呕、止痛等功效，通过针刺内关穴可用于治疗心胸部疾病、胃腑病症或神志疾病等。倘若出门在外，因为暑热烦心出现晕车、胸闷不适，可以尝试按揉内关穴以缓解症状，同学们都掌握好了吗?

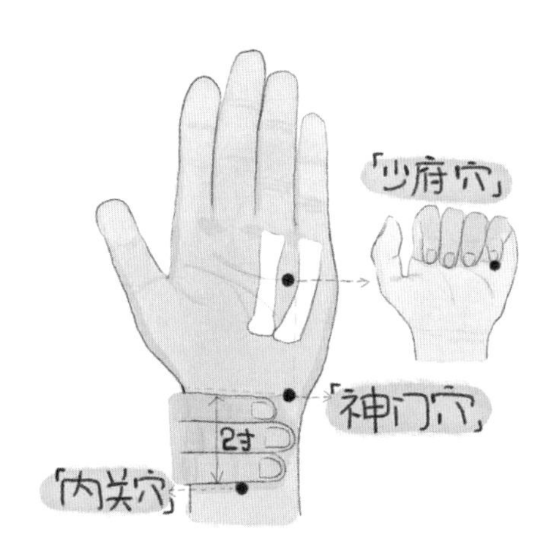

立夏为什么要“补夏”呢?

俗话说:“千补万补,不如立夏一补。”立夏是夏天的第一个节气,从立夏开始,气温会越来越高,人的体感也会越来越热,所以在立夏时节,要多吃一些滋补的食物,从而防止在夏天出现食欲不振、失眠、精神萎靡等症状。所以在民间,一些懂得养生的老人,总会在立夏时说:“立夏不补夏,一年都白忙。”在每年的立夏,只有顺应时节去饮食,家人才能健康“补”夏。

立夏一过,气温渐升,雨水增多,昼夜温差明显,小朋友们容易生病。

1. 感冒

立夏过后,日间气温回升,早晚温差大,冷热交替,易感冒。平日里应根据气温变化,增减衣着。气温高时,不要对着空调、电风扇直吹,“虚邪贼风、避之有时”;降温时,应及时增添衣被,春捂当不可忘。多喝水、保证规律作息、适当户外运动,这些能增强机体抵抗力,是能有效预防感冒的措施。

2. 脾胃疾病

立夏时节,雷雨天气增多,空气湿度较大。若饮食不节,加之湿气最易累及脾胃,常可致脾胃疾患，如腹痛腹泻、胃口不好、体重异常等。最好的防范就是“管住嘴”，提倡喝温水，拒绝冷饮，多吃熟食，少食生冷之物，防止“病从口入”。此外，做好“手卫生”，也是预防疾病不可缺少的环节。

3. 皮肤病

立夏以后，气候炎热潮湿，给致病微生物提供了生长繁殖的环境。立夏时节突然升温，出汗频多，一些皮肤疾病随之而来，如皮炎、汗疹、痱子、癣、荨（xún）麻疹等。蚊子、毒虫易叮咬皮肤，如果不慎抓破皮肤，还会引发皮肤感染。所以时值立夏，一定要保持皮肤清洁干爽，勤洗澡，选择透气性好的棉布服饰，并及时换洗衣物、晒洗被褥。若不慎被毒虫咬伤后，可先用肥皂等碱性物质清洗伤口，再及时去医院诊治。

节气小药膳

立夏为夏令之始，标志着季节转换的开始。立夏之后，气温进一步攀升，天气逐渐炎热，再加之人体的阳气外胜于表，人常容易感觉心烦、燥闷、眠差。饮食应以清淡为主，宜多食用清心安神之品。

此外，天气逐渐炎热，若贪食寒凉则容易伤及脾胃。因此日常饮食中除了清心安神，大家还要注意顾护脾胃哦。

四神养心粥

功效：养阴清心，健脾益气。

食材：山药、芡实、莲子、茯苓各 8 克，粳米 100 克。

做法：将山药、芡实、莲子、茯苓洗净，粳米淘洗干净，共同放入砂锅中，大火开锅后，再转中火煮 30 分钟左右。

荷叶莲子粉蒸肉

功效：清热解暑，健脾益精。

食材：鲜荷叶 1 张，莲子 10 克，猪五花肉 250 克，糯米 50 克，盐、白糖、生抽、老抽、蚝（háo）油适量。

做法：将鲜荷叶洗净，放入加盐的沸水锅中煮 1 分钟，取出备用。莲子打成粉，猪五花肉切片，加入盐、白糖、老抽、生抽、蚝油、糯米拌匀，用荷叶包裹，再用芦苇或线扎紧，入蒸笼蒸 30 分钟左右。

注意事项：若无鲜荷叶，以干荷叶浸泡后使用。

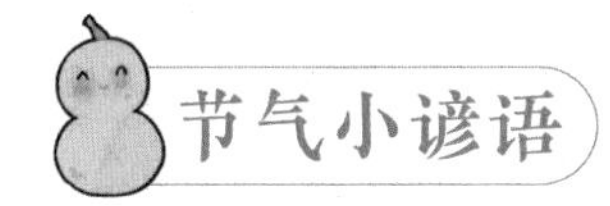

节气小谚语

立夏尝三鲜，健康一整年

在传统医学中，立夏时节是养生调养的重要时期。在立夏时期，人体中的阳气开始升发，为了适应气候的变化，人们也应该调整饮食和生活方式。那么“立夏尝三鲜，健康一整年”中的三鲜是指什么呢?

首先，先聊聊地三鲜。地三鲜包括蚕豆、苋（xiàn）菜和黄瓜。

蚕豆是一种具有悠久历史的食用豆类作物，广泛种植于我国不同地区。在江苏等地，立夏吃蚕豆是一种流传已久的风俗。人们通常会将蚕豆和大米一起煮成蚕豆饭，或者将蚕豆炒着吃、炖汤吃等。蚕豆不仅味道鲜美，而且富含蛋白质、钙、铁、维生素等营养成分，对人体健康有很多好处。立夏吃蚕豆还有祈福安稳入夏的寓意。

苋菜是一种高温短日照作物，通常在春季栽培，立夏节气时即可采摘。苋菜富含多种营养成分，包括维生素 C、维生素 A、钙、铁等，对身体有益。研究表明，苋菜还具有抗氧化、降血脂、降血糖等多种健康功效，可以帮助人们保持健康。在立夏时节，天气较为炎热，食用苋菜可以起到清爽解暑的作用。

黄瓜富含水分，且热量较低，适合在炎热的天气中食用。黄瓜的口感脆爽多汁，可以生吃或者用来制作各种菜肴，例如凉拌黄瓜、黄瓜炒肉片、黄瓜汁等。它富含多种营养成分，包括维生素 C、维生素 B、钾、镁等。黄瓜还具有促进消化、降低血压、降低胆固醇等多种健康功效，可以帮助人们保持健康，非常适合在立夏时节食用。

其次，我们来聊聊树三鲜。树三鲜包括樱桃、琵琶和杏子。

五月立夏是樱桃上市的好时节。樱桃口感酸甜可口、营养丰富，富含多种维生素和矿物质，例如维生素 C、钾、镁等。研究表明，樱桃还具有抗氧化、降血脂、降血压等多种健康功效，对人体健康非常有益。在中国文化中，樱桃还被视为吉祥的象征，代表着好运和幸福。因此，立夏吃樱桃也有讨个好彩头的寓意。无论是作为一种美味的水果，还是寓意吉祥的象征，樱桃都是一种非常值得品尝的水果，尤其是在立夏时节，更显得应季和美味。

枇杷营养丰富，富含多种维生素和矿物质，例如维生素 C、维生素 A、钾、镁等。枇杷还是川贝枇杷膏的主要用料之一，具有润肺止咳、清热解毒、祛痰等功效，对咳嗽、气喘、哮喘等呼吸系统疾病有一定的疗效。因此，立夏时节食用枇杷不仅可以解渴开胃，还对呼吸系统的健康有一定的帮助。

杏子的成熟期从每年的 5 月份开始，一直持续到 9 月份。如果想要赶上第一波成熟的杏子，立夏时节是一个非常好的时机。杏子的口感酸甜爽口、肉质肥厚多汁、营养丰富，富含多种维生素和矿物质，例如维生素 C、维生素 E、钾、镁等。研究表明，杏子还具有促进消化、降低血脂、增强免疫力等多种功效，对人体健康非常有益，是夏季非常受欢迎的小食品。

立夏尝三鲜，健康一整年。在立夏到来之时，大家可以考虑多吃“三鲜”哦。

运动养生

俗话说“春夏养阳，秋冬养阴”，阳气可以温养全身组织并维护脏腑功能。阳气足使人精神饱满、身体强壮，阳气虚则生理功能容易出现减弱或衰退。立夏既有春末的潮湿，又有初夏的湿热。湿重于热是这一时期的气候特点，湿邪侵袭肌表，则疲倦易困。因此，初夏养生调理应以养阳气、健脾胃、祛湿浊为重点。

进入夏季，早上一般6时天就亮了，人也应顺时而起，站桩或操练，呼吸吐纳，以助阳气的提升。运动强度可适当增加，所谓动则生阳，动起来才能更好地升发阳气、强健脏腑功能。

但是，夏初阳气未旺，尚不宜采取剧烈的运动方式，以防耗伤太过而泄汗伤阳。所以建议采用走步或慢跑的方式，逐渐提升运动强度。此外，立夏时期雨多潮湿，运动时尤应注意防潮防滑，避免运动损伤。

趣味谜语

立夏不立夏，麦穗出鞘中（打一节气名）。

【谜底：小满】

小满

小满，是二十四节气中的第八个节气，也是夏季的第二个节气，每年的公历 5 月 20 ~ 22 日交节。古人说：“小满者，物致于此小得盈满。”这句话意思是说，这时北方地区麦类等夏熟作物籽粒已开始饱满，但还没有成熟，所以把这段时期叫作“小满”。小满之时，各地陆续进入夏季，南方地区平均气温一般在 22℃以上，同时雨水增多，正如民间传言：“小满小满，江满河满。”

节气小故事

相传在古时候，有个人美心善的医女，遭人嫉妒被弄瞎了双眼，从此郁郁寡欢。后来某天，医女遇到一位老婆婆上门乞讨。医女家中粮食也不多，但还是给了婆婆食物，婆婆感念医女心善，便以苦菜相赠，说可治眼疾。医女半信，吃过后果然恢复了光明。故事流传开后，人们都会争相去挖苦苦菜[1]来吃，一来求仙缘庇佑，二来讨个小满即圆满的好兆头，以祈求麦谷丰收。

《诗经》云：“采苦采苦，首阳之下。”据说当年王宝钏（chuàn）为了活命曾在寒窑吃了 18 年苦菜。旧社会农民在每年春天青黄不接之时，要靠苦苦菜充饥。苦苦菜，带苦尝，虽逆口，胜空肠。当年红军长征途中，曾以苦苦菜充饥，渡过了一个个难关，江西苏区有歌谣唱：苦苦菜，花儿黄，又当野菜又当粮，红军吃了上战场，英勇杀敌打胜

① 苦苦菜：又称“苦苣菜、苦荬菜”，民间俗称“苦菜”，药名“败酱草”，是一种药食兼具的无毒野生植物。

仗。因此，苦苦菜也被誉为“红军菜”“长征菜”。

在过去，百姓不得不用苦苦菜来充饥。那如今人们为什么吃它呢？

正所谓“春风吹，苦菜长，荒滩野地是粮仓。”古人从“阴阳五行学说”的角度，认为苦味是因为感受到夏季的火气而生，因此，食用苦菜能够败夏季之火。

从中医角度来说，苦菜，也叫苦丁菜，药名“败酱草”。人们在小满时节食用苦菜有诸多益处，可以治疗热证、醒酒。《本草纲目》里将苦菜归入菜部：“（苦菜）久服，安心益气、轻身、耐老。”现代医学认为，苦菜具有清热解毒、凉血、止痢等功效，主治痢疾、黄疸、血淋、痔瘘等病证，有抗菌、解热、消炎、明目等作用。

人们在小满时节吃苦菜，除了适应天气炎热的气候，同时也有提醒人们珍惜粮食的意义。如今小满时节人们吃苦菜，多是为了尝鲜、清除身体内的湿热油腻、养生防病。

小满祭蚕，能养也能吃？

相传，小满为蚕神的诞辰，于是蚕农们会在这一日祭祀（jì sì）蚕神。而早在节气惊蛰前后，百虫惊醒蚕蛹孵化时，蚕农们就会将蚕神马头娘的木刻像请到家，恭敬地收藏起来。直到小满时节，蚕农家的女主人便把蚕神像和用红白纸、柏树枝叶做的蚕花纸一起，贴在正屋墙壁上方，并献上酒水。但多数人家会在酒杯盛满清亮的井水作供摆放在桌前，再点燃香烛，向蚕神马头娘施礼。

可是你知道吗？蚕是娇养的“宠物”，很难养活。气温、湿度和桑叶的冷、热、干、湿等因素均影响蚕的生存。正是由于蚕难养，古代把蚕视作“天物”。如果养的蚕不幸病死了，难道只能扔掉吗？

传说村里有张、姜两家邻居时常争吵。一天，张家人偷偷潜入姜家，把提前准备好的有毒的木灰撒到姜家人的蚕匾中，导致所有的蚕都僵直而死。姜家难过不已，再看看鸡舍中，心想：“闹了这么久的鸡瘟，死了这么多鸡，谁知祸不单行，家中的蚕也不知道中了什么毒。索性把这些中毒的蚕当饲料喂鸡，让鸡也痛痛快快地死去吧。”

于是便把那些白色的、僵硬的死蚕全都倒进了鸡的饲料中。第二天，姜家人发现吃了僵蚕的瘟鸡，病情全都逐渐好转了起来。

因此，聪明的古人发现，收集那些未吐丝之前，感染白僵菌而僵死的干燥全虫，我们称之为“白僵蚕”，将僵蚕倒入石灰中拌匀，吸去水分，晒干或焙干之后，性平，味咸、辛，归肺、肝、胃经，具有疏散风热、息风止痉、美容养颜的功效。

1. 疏散风热

白僵蚕可以疏散风热，并能散结止痛，适用于风热目疾、咽喉肿痛等症。

2. 息风止痉

白僵蚕主归肝经，多用于肝风内动证，能祛外风，可用于缓解小儿热盛、神昏、抽搐之急惊者。

3. 美容养颜

白僵蚕含有氨基酸和活性丝光素，有营养皮肤、美容养颜的作用，白僵蚕含维生素E能清除自由基，抗脂质氧化形成的老年斑。

小满小满，江河渐满

小满节气的气候特点是降水频繁，往往会出现持续大范围的强降水。小满节气期间南方的暴雨开始增多，降水频繁。小满中的“满”，指雨水之盈。南方地区的农谚中，小满是指气候三大要素（光照、降水、气温）中的降水。小满节气雨量大，江河至此小得盈满。正如民谚云“小满小满，江河渐满”。

那么，如此大的降雨量会对我们身体产生什么样的影响呢?

夏天雨水旺盛，阳光充足，农作物生长旺盛，小孩长筋骨和身高。与此同时，湿热也给人们带来了皮肤病和低食欲。这段时期，人体有两大反应：一是皮肤病多发，二是消化功能减弱。

小满节气，皮肤病发作的原因有三个。

一是天气原因，湿郁肌肤，复感风热或风寒，与湿相搏，郁于肌肤皮毛腠理之间而发病。也就是雨水多就湿气重，湿气郁于皮肤表面。当皮肤受到风邪侵犯的时候，湿邪会和风邪相互竞争，试图主导皮肤，最终湿邪和风邪都留在了皮肤里。这时，风疹、湿疹、荨麻疹都随之而来。

二是饮食原因，由于肠胃积热，复感风邪，内不得疏泄，外不得透达，风热郁于皮毛腠理之间。也就是吃得太多或消化不良时，又当人体受到风邪侵犯的时候，风邪和热邪相搏，热邪本想通过大小便，向下疏泄出去，风邪却由下而上堵住疏散之路；热邪又想通过毛孔透发出去，风邪却由外而内堵住了毛孔。此时，热邪和风邪就都留在了皮肤表面，皮肤病因此而生。

三是体质原因，对鱼、虾、蟹等食物稍有过敏的人，吃了这类食物容易脾胃不和，蕴湿生热。

因此，小满节气需对湿邪、热邪、风邪有所防范，避免皮肤病的发生，尤其是皮肤稚嫩的小孩。

同时，小满时节，雨水多就意味着晴天少、湿气重。人的五脏之中，脾脏最容易受湿气影响和侵袭。中医学认为脾脏“喜燥恶湿”，功能为“脾主运化”，因此脾受到湿邪侵犯时，就会消化不良、积食、腹胀等，从而导致食欲不振。

节气小药膳

小满后，天气更加炎热，雨水增多，“热”与“湿”并存，人体处于湿热渐增的外环境，脾“喜燥恶湿”，受“湿邪”的影响最大，此时节容易令人脾胃虚弱、湿气缠身，这种情况为“湿邪”过重，所以此时也是健脾祛湿、清心降火、平衡阴阳的重要时期。因时用膳，饮食调养以健脾祛湿、和胃养阴为原则，注意健脾化湿，重在醒脾强胃，益气养阴生津，养心安神。

灯心苦瓜百合莲子排骨汤

功效：清热除烦，养心安神。

材料：苦瓜一根，生灯心草 8 克，百合 20 克，莲子 15 克，猪排骨 500 克，盐适量。

做法：

①苦瓜洗净去瓤切厚块，备用。

②生灯心草洗净备用。

③百合，莲子洗净浸泡 20 分钟。

④猪排骨斩件洗净、焯（chāo）水，洗净血沫后放入瓦锅，加入 3000 毫升水。再将莲子、百合、生灯心草一并放进锅内。武火煲开改文火继续煲 40 分钟，此时加入苦瓜再煲 20 分钟，最后调入适量盐便可。

黄芪山药鲫鱼汤

功效：益气健脾、升阳固表、利水消肿。

食材：黄芪 15 克，山药 20 克，鲫鱼 1 条。姜、葱、盐各适量，米酒 10 毫升。

做法：

①将鲫鱼洗净，然后在鱼的两面各划一刀备用；姜洗净，切片；葱洗净，切丝。

②把黄芪、山药洗净，放入锅中，加水煮至沸腾，然后转为小火熬煮大约 15 分钟，再转中火，放入姜片和鲫鱼煮 8~10 分钟。

③待鱼熟后再加入盐、米酒，并撒上葱丝即可。

趣味谜语

有点骄傲（打一节气名）。

【谜底：小满】

芒种

芒种，是二十四节气之第九个节气，也是夏季的第三个节气。太阳黄经达 75 度时为芒种，于每年公历 6 月 5 ~ 7 日交节。“芒种”含义是“有芒之谷类作物可种，过此即失效”。这个时节气温显著升高、雨量充沛、空气湿度大，适宜晚稻等谷类作物种植。农事耕种以“芒种”节气为界，过此之后种植成活率就越来越低。这是古代农耕文化对于节令的反映。

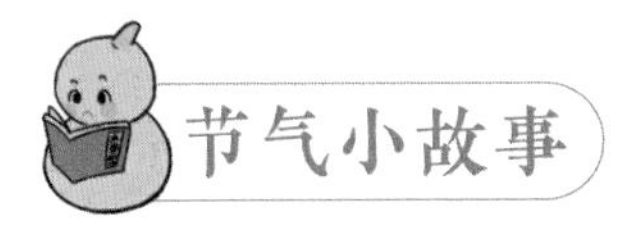

一般来说，在芒种后期，我国的长江中下游地区会出现雨期较长的阴雨天气，而此时正值梅子黄熟，故称梅雨。古代形容梅雨的诗句要属《约客》最著名——“黄梅时节家家雨，青草池塘处处蛙。有约不来过夜半，闲敲棋子落灯花。”梅树正月开花，六月结果。在芒种时节，有一个据说源自夏时期的习俗——煮梅。和大多数水果的鲜甜不同，青梅是以味道酸涩著称。刚熟的梅子还绿得很，谓之青梅。绿得厚重的不够熟，酸中带涩；绿得透亮则刚熟，只酸不涩。如果不怕酸，青梅直接吃也行，但大多数人恐怕无法接受这种酸，所以需要稍做加工，而这个加工过程便是煮梅。

在文学故事《三国演义》中也有“青梅煮酒论英雄”一回，说的是刘备和曹操的一场酒局，但宴无好宴，会无好会，这其实是一场政治试探和政治表态的会面。曹操问刘备如今群雄割据，谁才算得上真英雄，而刘备为了装傻提了无数个名字终究是没有曹操。后者无法，只能把话接过，自己回“今天下英雄，惟使君与操耳”。这句话意思是：

天下英雄唯你我二人而已。而这时，已偷偷答应皇帝要反抗曹操的刘备简直吓傻了，筷子掉落在地，但与此同时正好打下一道雷，刘备就正好顺着自己惧怕雷声的借口，掩饰掉内心的惊惶和曹操的疑虑。此次酒局堪称双龙聚会，从曹操的“说破英雄惊杀人”到刘备“随机应变信如神”，可谓步步玄机。曹操的睥睨（pì nì）群雄之态、雄霸天下之志表露无遗。而刘备随机应变、进退自如，也表现出了一世豪杰所应有的技巧和城府。

青梅煮酒出自《中国药膳大辞典》，为健脾类药膳配方。方中青梅具有健脾开胃、生津利咽的功效；黄酒具有舒筋活血、美容养颜的功效。全方合用，即具健脾、温脏、安蛔的功效，适用于食欲不振、蛔虫性腹痛、慢性消化不良性泄泻者。

芒种时节粽飘香，粽子应该怎么吃？

芒种也是端午时。俗话讲：“五月五，是端阳。插艾草，戴香囊。吃粽子，撒白糖。龙船下水喜洋洋。”端午节是我国汉族人民的传统节日。

传说，公元前340年，爱国诗人、楚国大夫屈原，面对亡国之痛，悲愤地怀抱着大石头，跳进了汨（mì）罗江。屈原去世后，楚国的百姓心里十分哀痛，大家都跑到汨罗江边去凭吊屈原。

渔夫们划着小船，在江上来来回回滑动，想要打捞屈原的真身。这个时候，有一个渔夫做了一个不同寻常的举动，他向汨罗江扔下饭团、鸡蛋等食物。“扑通！扑通！”饭团、鸡蛋全部落水了。其他人看着渔夫的举止，脸上露出震惊的表情。渔夫解释说，鱼龙虾蟹吃了饭团等食物，就不会去啃食屈原的身体了。人们听了，觉得很有道理，就开始纷纷效仿。

除了传统节日的影响，芒种过后，天气日益炎热，肠胃功能逐渐下降，人容易苦夏消瘦。吃糯米正好能够改善这一问题，且不说其中的配料，仅就清香的叶子和柔软的糯米，就足以让人食欲大开。可是，粽子应该怎么吃呢?

最主要的是，粽子应趁热吃，加了油脂、肉、蛋黄的粽子不宜冷吃，对于消化能力差的人来说尤其要注意。粽子最好在两餐之间吃，如果做不到，中午吃为宜。由于粽子不易消化，老年人、儿童、胃肠道功能不好的人不适合多吃。

从中医角度来说，糯米吃多之后，还容易长痘、生湿，在中医里糯米味甘，性温，有补脾胃、治虚汗、止腹泻的功效。李时珍在《本草纲目》中对此也有详细记载：“暖脾胃，止虚寒泻痢，缩小便，收自汗，发痘疮。”我们知道，黏腻的食物容易滋生湿气，而糯米本身又是温性的食物，湿气与温热相遇，便容易滋生湿热。体内湿毒、热毒聚集容易引起痘疮、湿疹、荨麻疹。

包粽子的叶子，北方大多用芦苇叶，南方多用竹叶或荷叶，这些叶子都有很好的药用功能。例如：苇叶可以清热生津、除烦止渴；竹叶可以清热除烦、利尿排毒；荷叶能清热利湿、和胃宁神。 作为食品包装，其具备天然和无污染的特性，因此，被当今营养学家称之为“天然绿色食品”。

如此看来，生活中的小事情，其中也蕴藏着大奥妙。

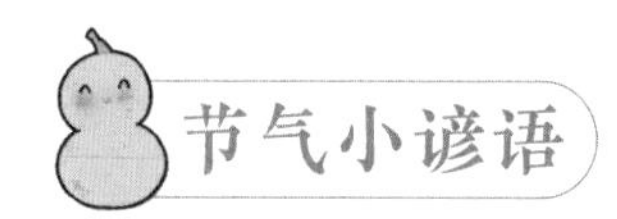

芒种火烧天，夏至雨绵绵

这是在湖南、湖北等地流传的一种说法，指的是在芒种期间天气如果特别炎热的话，那在夏至的时候就会雨水特别多，会出现阴雨连连的天气。有些地方还有“芒种雨涟涟，夏至要旱田”的俗语。

在这样的天气我们如何进行养生，和节气相适应呢?

1. 晚睡早起，中午宜小憩

芒种到夏至节气是一年中阳气逐渐浮盛、阴气内藏的阶段，起居上要重视睡子午觉。子时是指23：00至次日01：00，此时阴气最盛，阳气衰弱，属肝经循行之时；子时睡觉最能养阴，睡眠效果也最佳。午时是指11：00～13：00，此时阳气最盛，阴气衰弱，是气血流注心经之时；午时睡觉，有利于人体养阳。

因此，虽说夏季要晚睡早起，但晚上睡觉时间不应超过23：00，中午11：00～13：00宜小憩，以0.5～1小时为宜。

2. 养阴生津

芒种节气气温高，暑气继升，耗气伤津，所以要及时补充液体，健康饮水尤为重要。如今，各种养生茶成为时尚，简单一点的如菊花茶、苦丁茶、枸杞茶，复杂一些的有养肝茶、解酒茶、减肥茶等，都可以帮助我们养阴生津。

3. 清淡饮食

夏季气候炎热，人的消化功能相对较弱。因此，饮食应当清淡、不肥腻厚味，多吃杂粮，不过多食用热性食物，以免“火上加油”。同时，可以饮用酸梅汤、绿豆汤等消暑饮品。

4. 清暑祛湿

芒种过后湿气重，这样的气候特点对于人体来说，容易滋长体内的湿热，导致湿热困脾，人体容易出现困倦、乏力、厌食等表现。因此，食用一些薏苡仁、冬瓜等具有祛湿作用的食物及适宜芒种时节吃的菜肴、粥品能够帮助我们清暑祛湿、保持活力。

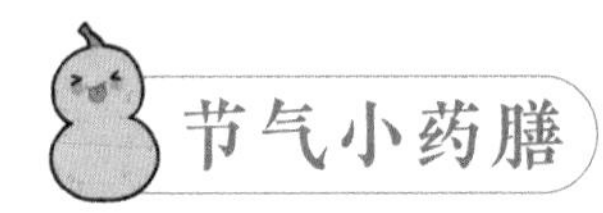

茵陈药茶

功效：清热利湿，通腑退黄。

原料：茵陈 30 克，生大黄 6 克，绿茶 10 克。

方法：将茵陈、生大黄、绿茶泡水当茶饮，每天适量频服。

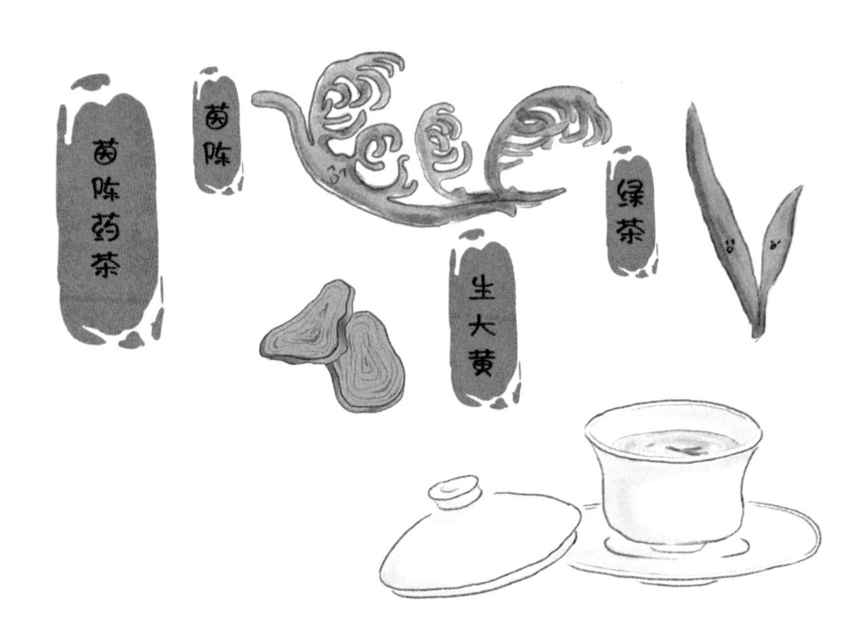

两豆薏苡仁粥

功效：清热、祛湿、解暑。

原料：绿豆 50 克，赤小豆 50 克，薏苡仁 30 克，大米 100 克，冰糖适量。

做法：把绿豆、赤小豆、薏苡仁、大米洗净，煮粥，待熟后再加入冰糖，拌匀即可食用。

趣味谜语

流水落花春去也（打一节气名）。

【谜底：夏至】

夏至

夏至，是二十四节气中的第十个节气，每年的公历 6 月 21 ~ 22 日交节。“至”，指到来，夏至的意思就是炎热的夏天已经来临。夏至这天，太阳几乎直射北回归线，此时，北半球各地的白昼时间达到全年最长。此时温度增高、空气潮湿、雷阵雨出现频繁，这种热雷雨来去匆匆，且降雨范围小，所以人们称“夏雨隔田坎”。

节气小故事

有一种药物生于夏至日前后，此时，一阴生，天地间不再是纯阳之气，夏天也过半，那就是半夏，因此人们常说夏至有三候，其中“三候半夏生”。半夏作为一种药材，是喜阴的中药，在夏至阴气始生之后开始生长繁茂，因为它生于阴阳半开半阖（hé）时，所以主治半开半阖之病，协调中枢。

与半夏有关的还有一个有趣的故事，传说在很久很久之前，有一个姑娘叫作白霞。有一天，她去田野里割草，偶然间挖出了一块植物的块茎，因为白霞十分饥饿，所以就试着将这个植物块茎放进了嘴里食用，想着可以用来充饥。可是谁知吃完了就开始呕吐，于是她赶快吃生姜来止呕，没想到吃完之后，女子很久都没有治好的咳嗽竟然痊愈了。

在这之后，白霞就开始用这种块茎与生姜一同熬汤，送给乡亲们，帮助他们治疗咳嗽，效果非常好。由于这种块茎的浆液非常丰富，所以需要多次清洗。有一次白霞在帮乡亲们清洗药的时候，不小心掉进了河里，因此丧命。人们为了缅怀这个美丽善良的姑娘，就把这种药称为白霞，后来渐渐地人们发现这种植物一般在夏秋时节采摘，就逐渐地改称为半夏了。

中药半夏味辛，性温，归脾、胃、肺经，有着燥湿化痰、降逆止呕、消痞散结的功效，可用于痰多咳喘、痰饮眩悸、风痰眩晕、痰厥头痛、呕吐反胃、胸脘痞闷、梅核气等症。根据半夏是否炮制，可以将其分为生半夏和制半夏，其中制半夏又可分为法半夏、清半夏、姜半夏等。需要注意的是，生半夏有毒，如果擅自服用药物，可能会出现口腔溃疡和咽喉肿痛的症状，严重者会出现口角流涎、发声困难、心率减慢、呼吸困难等症状，更甚者会出现窒息死亡。因此，大家不要擅自服用生半夏哦！

夏至送什么礼物最好？

夏至日，妇女们互相赠送折扇、脂粉等物什。《酉（yǒu）阳杂俎（zá zǔ）· 礼异》云：“夏至日，进扇及粉脂囊，皆有辞。”其中“扇”，借以生风；“粉脂”，以之涂抹，散体热所生浊气，防生痱子。这正符合了夏至的天气特点，此时自然界生机勃勃，万物频繁生长变化。传统医学认为，夏日炎热，心火当令，暑气旺盛，易伤脾胃。夏至养生要顺应夏季阳盛于外的特点，注重保护脾胃阳气，方能提高免疫力，减少机体发病。具体应该怎么做呢？

1. 适当锻炼

锻炼的时间最好选择在清晨或傍晚，此时天气较为凉爽，场地可选择在河湖水边、公园庭院等空气清新的地方，锻炼的项目主要以散步、打太极拳、做广播体操等相对舒缓的运动为主。这个节气不建议做剧烈的运动哦！

2. 晚睡早起，睡午觉

中医养生重视顺应自然界阳盛阴衰的变化，所以夏至建议晚睡早起，而年老体弱者则应早睡早起，尽量保持每天 7 小时左右的睡眠时间。从这天开始，一定要睡午觉。夏至阴生，在中医理论中，午觉是以阳养阴。只要能合上眼睛眯一会，就能达到很好的养阴效果。

3. 忌夜卧贪凉

在炎热的夏季，很多人会开空调，但是我们应该要注意，晚上睡觉时尽量避免整夜开空调，这种习惯容易导致伤风、面瘫、关节疼痛、腹痛腹泻等症状，对身体的损伤是较为严重的。对小孩子来说，最好不要在其睡着之后扇风取凉，否则，可能会出现手足抽搐、口噤不开、风痹等病症。谚语有云“避风如避箭，避色如避乱，加减逐时衣，少餐申后饭”，均可以理解为夏季的养生要求。

吃了夏至面，一天短一线

这句谚语的意思是在夏至这一天太阳会直射到北半球的北回归线上，对生活在北半球的人来说，这一天是一年中白天最长的一天。在这天之前，白天的时间都是不断慢慢变长的，但是过了这天之后，白天就会一天天的缩短。

夏至面是汉族风俗，指夏至节气吃凉面（条）的习俗。民间有“吃过夏至面，一天短一线”的说法，清代潘荣陛《帝京岁时纪胜》云：“是日，家家俱食冷淘面，即俗说过水面是也……”同时，因夏至新麦已经登场，所以夏至吃面也有尝新的意思。南方的面条品种多，如阳春面、干汤面、肉丝面、三鲜面、过桥面及麻油凉拌面等，而北方则是打卤面和炸酱面居多。

夏至为什么要吃面？一是为了取一个好彩头，二是也有利于人们的饮食健康。夏至吃面是有说法的，夏至虽不是夏天最热的时候，但表示炎热的夏天即将到来。人们从夏至开始改变饮食，以热量低、便于制作、清凉的食品为主要饮食，面条通常为一般家庭的首选。所以，夏至面也叫作“入伏面”。

古时夏至日，人们通过祭神以祈求灾消年丰。《周礼·春官》记载：“以夏日至，致地方物魈（xiāo）[1]。”周代夏至祭神，意为清除疫疠、荒年与饥饿死亡。此时民间新麦

① 魈：山中精怪。晋代葛洪《抱朴子·登涉》云：“山精形如小儿，独足向后，夜喜犯人，名曰魈。”

方出，人们以面食敬神。夏至吃面食这一食俗也流传至今。

从营养学的角度来看，夏至前后是麦子丰收、新面粉上市的时候，新鲜面粉里的营养成分较高。过去，人们在这个时候多吃面，一方面是庆祝丰收，另一方面也可以从新面粉做成的面条中汲取丰富的营养。还有一个细节需要注意，面要吃，汤的营养更不要忘记。因为面在水煮过程中有很多 B 族维生素溶解在汤里，所以大家吃面的时候别忘多喝些汤。

小麦味甘，性凉，入心、脾、肾经。《本草拾遗》云：“小麦面，补虚，实人肤体，厚肠胃，强气力。”《医林纂（zuǎn）要》说它“除烦，止血，利小便，润肺燥”。还有人爱在酷热的夏天吃热面，多出汗以祛除人体内滞留的湿气和暑气。

此外，夏季受凉后往往会出现鼻塞恶寒、头痛身重等症状，煮一碗热面，加些葱白及胡椒，趁热品尝，有一定辅助治疗作用。

马齿苋瘦肉浸丝瓜

功效：清热泻火。

原料：马齿苋 30 克，丝瓜 300 克，猪瘦肉 100 克，盐适量。

方法：马齿苋洗净切段，丝瓜洗净切块。放适量清水在煲内，加入猪瘦肉，煮约 1 小时，至猪瘦肉软熟，再加入马齿苋、丝瓜，小火收汁 5 分钟，加入盐调味即可饮用。

竹叶茅根茶

功效：清心除烦，生津止渴。

原料：淡竹叶 3 克，白茅根 5 克，白糖适量。

方法：淡竹叶、白茅根加水 1600 毫升，煮开后转小火 5 ~ 10 分钟，滤渣后加入适量白糖即可饮用。

趣味谜语

六月天，孩儿脸，说变就变（打一节气名）。

【谜底：小暑】

小暑

小暑，是每年公历7月6～8日交节，是干支历午月的结束及未月的起始，也是二十四节气之第十一个节气。“暑”是炎热的意思，小暑为小热，还不十分热。“小暑不算热，大暑三伏天”，小暑时节，是人伏天的开始，小暑过后能够明显感觉到气温的攀升。小暑虽不是一年中最炎热的时节，但紧接着就是一年中最热的节气大暑，民间有“小暑大暑，上蒸下煮”之说。另外，中国多地自小暑起进入雷暴频发的时节。

节气小故事

小暑黄鳝赛人参

过去民间有小暑日吃黄鳝的习俗，这一天，长辈们到田里捉黄鳝，教小孩们用菜叶将腌制好的黄鳝包好放在炉灶下烧烤，食之味美，俗称“鸡鸭面蛋不如火烧黄鳝”，更有“小暑黄鳝赛人参”的说法。

相传远在三国时期，“医圣”华佗得罪了曹操，被打入死牢，他痛惜自己的一身医术未能传人，思忖（cǔn）着想把医书交给自己的夫人，看管华佗的人敬仰华佗的医术和他的乐善好施，便决定为他做传书人。不料，走漏了风声，传书人被杀，华佗的医书也被烧成灰烬。灰烬飞落到水田，恰好被黄鳝吃了。由此，人们认为吃过华佗医书的黄鳝可以祛除百病、免遭灾难，也就形成了“小暑吃黄鳝”的民间习俗。

鳝鱼，味甘，性温，有温阳补虚、祛风除湿的功效。小暑时节，黄鳝体壮而肥、肉嫩鲜美、营养丰富，滋补效果好。中医学理论认为夏季是慢性支气管炎、支气管哮喘、风湿性关节炎等疾病的缓解期，此时如果服用具有温补作用的黄鳝，可以达到调节脏腑、改善体质的作用，到了冬季就能最大限度地减少或避免上述疾病的发生。因此，慢性支气管炎、支气管哮喘、风湿性关节炎等属肾阳虚患者，在小暑时节吃黄鳝进补可达到事半功倍的效果。

中医学认为一年分为春、夏、长夏、秋、冬五个季节，长夏位于夏末秋初，涵盖了小暑、大暑、立秋、处暑四个节气，气候特征是湿热蒸腾。中医学认为，“湿”其实是滞留人体内的多余水分。夏末秋初的天气变化无常，雨水较多，天气多潮湿，潮湿的天气会让人感觉烦闷湿重、浑身不舒服。脾主运化水湿，如果脾的运化受阻，体内的多余水分就不能运出去。有一个穴位可以很好地帮助脾胃运化水湿——阴陵泉。

阴陵泉穴属足太阴脾经，善助脾胃运化、专利水液输布、利水除湿、调理三焦。阴陵泉穴位于小腿内侧，胫骨内侧髁后下方的凹陷处。取穴时，正坐屈膝，用拇指沿着小腿内侧骨的内缘由下往上推按，拇指推按到膝关节下的胫骨向上弯曲凹陷处，即为此穴。点按本穴能促进脾胃的消化吸收，预防夏季消化道疾病的发生。

炎热的夏季不少人出汗较多，中医学认为，人体有“五液”，汗为心之液，汗水也是我们人体阴液的一部分，津能载气，如果出汗太多就会耗气伤阴，阴液损伤过多，不能制约阳气，容易出现阴虚火旺的症状，比如口干、眩晕、心烦、失眠等。所以在夏季，更需要注意滋阴降火。涌泉穴对于滋阴降火很有效果，涌泉穴位于脚掌前部 1/3 处、脚缘两侧连线处。按摩方法是将拇指放在穴位上，用较强的力气揉 20 ~ 30 次，晨起和睡前按摩效果较好。

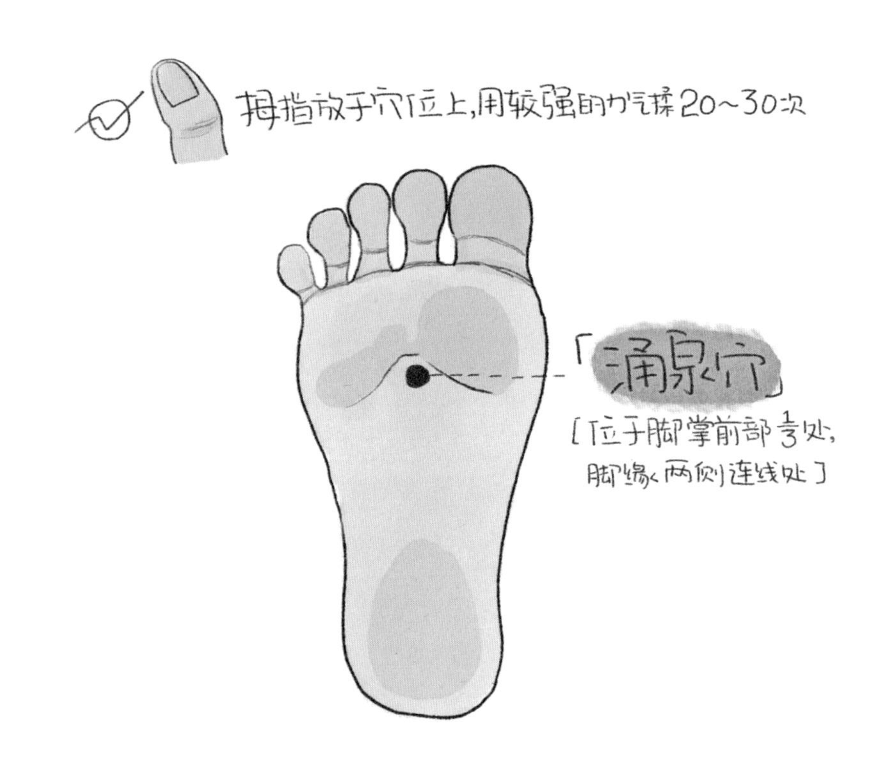

益母草

益母草，是在小暑时节采集的非常重要的一味中药，又被称为小暑草。

益母草的名字来源也有段故事。传说古代有位女子叫秀娘，一天她在家门前遇见一只被猎人追赶的黄麂（jǐ）。当时秀娘正好身怀六甲，穿着非常宽大的裙袍，她怜悯这只受伤的黄麂，就把它藏在衣袍底下，躲过了猎人并放生。后来秀娘产后瘀血不净，家人十分担忧，这只有灵性的黄麂衔来一株开紫花的野草，把它放在秀娘家门口。家人照着找了一些，采下茎叶给秀娘煮水服用，病很快就好了。后来村子里的其他人也仿效着做，这味草药就流传开来了。因为这味本草对做了母亲的女性很有用，人们就给它起名叫“益母草”。

益母草是妇科调经良药，味苦、辛，性微寒，归肝、心包、膀胱经，具有活血调经、利尿消肿、清热解毒的作用。益母草虽是妇科良药，但也有禁忌，需要辨证用药。孕妇、无瘀滞者及月经量多者忌用；气血亏虚者慎用，脾胃虚寒者也不宜用。

中暑了怎么办?

我们都听说过中暑，暑是夏季的主气，其性热，当暑气太盛或是身体内部不能适应时，就成了外感六淫之一的“暑邪”。我们所了解的中暑，一般都是因为长期在高温环境下活动，体内产生的热量大于散发的热量，从而引起了热量蓄积、体温上升等症状，在中医里称为中阳暑。明代医学家张景岳在《景岳全书》中讲:“阳暑者，乃因暑而受热者也。”中阳暑，多是因为在烈日下劳作，或长途行走，或因在高温通风不良温度较高的环境下长时间劳作导致。阳暑的症状表现为高热、心烦、浑身困重、口渴、多汗、舌苔黄干、面红等，甚至昏厥、抽搐。

那如果身边的人出现了中阳暑的情况，应该怎么办呢? 一起来学习一下吧。

· 迅速撤离高温环境，转移到通风、阴凉的地方。

· 解开病人的衣服，促进散热。

· 用湿毛巾或冷水袋冷敷头部、颈部、腋窝、腹股沟等部位，进行降温。

· 病人恢复清醒后，及时补充水分，喝含盐的凉开水。

· 在病人的额部、颞部（太阳穴）涂抹清凉油、风油精或服用人丹、十滴水等。

· 如出现虚脱、抽筋、神志不清等休克症状时，在进行上述处理的同时，立即拨打120尽快送医院抢救。

中医急救办法：当遇到中暑的病人突然出现昏迷、呼吸停止、血压下降甚至休克等情况时，可用拇指尖按压其人中穴（位于人体鼻唇沟的上 1/3 与中 1/3 的交点处），往往能够起到急救的效果。

与阳暑相反，有一种中暑是因为受寒引起的，称为阴暑。张景岳指出：“阴暑者，因暑而受寒者也。”夏季炎热，人们过于避热贪凉，长时间待在空调房里、频繁喝冷饮、出汗后马上洗冷水澡等，都会导致寒邪、湿邪侵袭机体，引发阴暑。阴暑的症状表现为舌质淡、苔薄腻、怕冷、发烧，但不出汗，还会伴随鼻塞流涕、精神萎靡、头昏嗜睡、恶心欲吐等。对于现代习惯空调生活的人来说，中阴暑的情况会比较多。如果是因为受寒导致的中阴暑，就需要发散寒邪，可以服用藿香正气口服液或者香薷饮。

现在大家知道了中暑也有阴阳两种，可分为阳暑和阴暑，阴属和阳属的处理方法也不同。在暑天，更重要的是预防中暑。外出时带好帽子，打遮阳伞；多喝水补充水分，不要等到口渴再喝水；另外，空调温度不应太低，不然容易中暑、感冒，空调温度在 26~28℃是最适合的。

节气小药膳

小暑时节的特点是潮湿闷热，而湿气是我们脾的天敌，中医学认为“脾喜燥而恶湿”，过重的湿气会造成脾胃虚弱，甚至引发相关的疾病，所以在小暑时节对脾胃的养护尤为重要。很多人喜欢通过进食生冷凉饮去缓解暑热，但此时由于脾胃功能减弱，若再加上贪食生冷食物，人们更容易出现吐泻、消化不良等不适。饮食上不能贪凉，越热越要喝温水，饭后吃冷饮特别伤脾胃。消暑可以选择白扁豆、薏苡仁、西瓜、黄瓜等食物，还需佐以葱姜蒜、香菜、韭菜等辛温之物。

山药鳝鱼汤

功效：补中益气，强筋骨。

食材：怀山药 300 克，鳝鱼 1 条，香菇 3 朵，葱段、姜片、盐、料酒、植物油、味精、胡椒粉、白砂糖、香菜段适量。

做法：

①鳝鱼清洗干净，切段，切成一字花刀，焯透。

②怀山药去皮，切滚刀块，焯水。

③砂锅中放入植物油烧热，放入怀山药炸至微黄捞出。

④锅留底油烧热，下姜片、葱段爆香，放鳝鱼、香菇、料酒、开水、怀山药烧开。

⑤用小火炖 5 分钟，撒入盐、胡椒粉、白砂糖、味精、香菜段炒匀即可食用。

薏仁绿豆猪瘦肉汤

功效：健脾止泻，轻身益气，清热安神。

食材：绿豆 150 克，猪瘦肉 150 克，薏苡仁 38 克，红枣 4 颗，盐适量。

做法：

①薏苡仁和绿豆淘洗干净；红枣去核，洗干净。

②猪瘦肉洗干净后汆烫，再冲洗干净。

③煲滚适量水，下入薏苡仁、绿豆、猪瘦肉、红枣，烧开后改文火煲 2 小时，再撒入盐调味即可食用。

小暑大暑，上蒸下煮

暑，煮也，热如煮物也，就是说暑天天气特别热，就像被蒸煮一样。“蒸”和“煮”也反映出了暑天的气候特点就是“湿”和“热”，湿与热相结合就形成了“湿热”。人体受外在气候的影响，也容易为湿、热所困扰，而湿热之邪最易伤及脾胃；由于热邪容易耗伤人体的气阴，所以也容易出现气阴两虚的情况。所以暑天除了要清热、祛暑外，还要注重补脾、祛湿、补气。

有一味药食两用的中药——五指毛桃，是暑天健脾、补气、祛湿的小能手。

五指毛桃，因其叶片有五个分支，形似五个手指而得名。其味甘、性平，入脾、肺、肝经；具有健脾补肺、行气利湿、舒筋活络的功效，常用于治疗脾虚浮肿、自汗、慢性支气管炎、肝硬化腹水、风湿痹痛、腰痛、跌打损伤等疾病。五指毛桃的性味、功用相比于黄芪更加缓和，很适合南方人群“虚不受补”的体质特点，所以也被称为“南芪”，也就是南方的黄芪。

如果在暑天觉得湿气重，疲惫，身体沉重，不妨试试五指毛桃泡水饮用，还可以用五指毛桃和补脾、利水的茯苓搭配在一起，达到健脾益气、利水渗湿的效果。

趣味谜语

夏至不夏至，暑天从此起（打一节气名）。

【谜底：小暑】

大暑

大暑，是每年公历 7 月 22 ~ 24 日交节，二十四节气中的第十二个节气，也是夏季最后一个节气。“暑”是炎热的意思，大暑指炎热之极。大暑相对小暑，就更加炎热了，是一年中阳光最猛烈、最炎热的节气，“湿热交蒸”在此时到达顶点。大暑节气正值“三伏天”里的“中伏”，是一年中最热的时段。谚语说:“大暑不暑，五谷不鼓。”大暑时节阳光猛烈、高温潮湿多雨，虽不免有湿热难熬之苦，但是却十分有利于农作物成长，农作物在此期间成长最快。

节气小故事

范蠡（lǐ）“喝暑羊”

春秋时，范蠡帮助越王勾践灭吴之后，厌倦了政界钩心斗角的喧嚣（xiāo），便来到山东鲁南地区隐居。范蠡发现隐居的地方牧草肥美，非常适合养羊，于是就引进山羊品种，教当地百姓植草养羊，范蠡隐居的地方因此得名“羊庄”，成为鲁南地区山羊的发源地。

传说，范蠡因常年协助勾践勤于国事，体弱多病，饲养第一批山羊的那年夏天，范蠡已是十分衰弱；家人怕他等不到秋天山羊长成，于是不顾大暑天气，为范蠡烹制了羊汤尝鲜，谁知范蠡连喝了几天羊汤后，身体日渐好转，加上家人的悉心照料，竟得以寿至耄耋（mào dié）。于是，人们纷纷效仿范蠡在大暑天“喝暑羊”，渐渐就有了“喝暑羊”的风俗。

医圣孙思邈认为，人年老时体弱多病，多是因为少壮时太贪凉。羊肉味甘，性温，入脾、胃、肾经，在大暑吃羊肉对身体是以热制热、排汗排毒，将冬春之毒、湿气驱除，是以食为疗的创举。暑天喝羊肉汤能健脾益气、温补肾阳，寓有冬病夏治、温补阳气之意。所以有“夏天喝暑羊，健康又壮阳”“暑羊一碗汤，不用开药方”的暑羊养生经验谈。但此时暑湿之邪盛行，并不是人人都适合食用，比如阳气旺盛内热重、阴虚内热、湿热体质，以及患感冒的人不宜食用羊肉，否则易助热伤阴、动火动血、加重病情。

大暑高温酷热、易动肝火，人们此时常常会觉得心烦意乱、无精打采、急躁焦虑等。中医理论认为，夏季气候炎热，在五行属火，与人体五脏中的“心”对应，也就是说夏天是心阳最旺的时候，加上高温出汗量多，“汗为心之液”，心气受到扰动后就出现身体不适，最常表现为心悸、失眠。另外，大暑时节，人

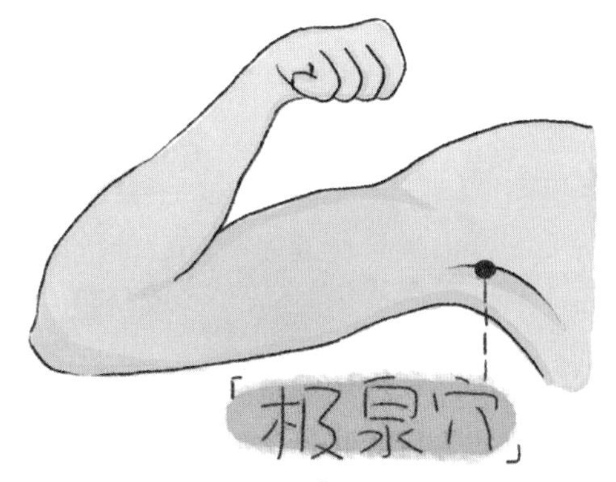

体阳气外发，气血运行亦相应活跃，所以此时养生原则应重在养心。给大家介绍一个保养心脏最重要的穴位——极泉穴。

极泉穴位于腋窝顶点，腋动脉搏动处，是手少阴心经要穴。按摩时，用一只手的中指指尖按压一侧腋窝正中的凹陷处，有特别酸痛的感觉；再用同样的方法按压另一侧的穴位。夏季常常揉按这一穴位，可以祛心火、疏通经络、缓解心悸、改善睡眠。

三伏天灸的好处？

所谓“夏至三庚（gēng）便数伏”，小暑过后，就将迎来三伏天。三伏天在小暑与处暑之间，是一年中气温最高且又潮湿、闷热的时段。三伏有初伏、中伏和末伏之分，它的日期是由干支历的节气日期和干支纪日的日期相配合来决定的。“入伏”后，全国多地将会进入持续高温模式。除了酷暑蒸烤外，此时正是冬病夏治的好时机。

三伏天灸，也就是天灸疗法，是传统中医学中一种独特的外治法。它正是利用“冬病夏治”“春夏养阳”的原理，选择温肺散寒、化痰平喘的中药研成细末，用姜汁调成糊状，制成药饼，直接贴敷在患者背部的穴位上，通过药物的透皮吸收和经络腧穴的刺激共同作用，使人体皮肤局部发红、充血、发疱，甚至化脓，从而激发人体经气疏通经络、调理气血、平衡阴阳，进而激发和调整机体内在的生理功能，起到治疗和预防疾病的作用。

《黄帝内经》指出“圣人春夏养阳，秋冬养阴，以从其根”，意思是春夏顺从生长之气蓄养阳气，秋冬顺从收藏之气蓄养阴气。由于夏季阳气旺盛，人体阳气也达到四季高峰，尤其是三伏天，肌肤腠理开泄，此时使用温里散寒药物最容易由皮肤渗入穴位经络，能通过经络气血直达病处，利用这一有利时机治疗某些寒性疾病，能最大限度地祛除风寒，祛除体内沉痼，调整人体的阴阳平衡，预防旧病复发或减轻其症状，并为秋冬储备阳气，令人体阳气充足，至冬至时则不易被严寒所伤。

中医提倡“上工治未病，未病先防”，对于虚寒性的疾病及体质虚寒的病人，三伏天灸会有很好的预防保健作用。即使没有阳虚症状的健康人，只要没有明显的实热症状，根据“春夏养阳，秋冬养阴”的原则，三伏天灸也不失为强身健体的一种保健方法。

三伏灸是广受好评的传统中医疗法，但并不能包治百病，它主要适用于两类疾病：一是过敏性疾病，如哮喘、反复呼吸道感染（咽炎、扁桃体炎、支气管炎、支气管肺炎等）、老年慢性支气管炎；另一类是跟虚寒有关的疾病，如胃痛、结肠炎、关节痛、虚寒头痛、肾虚引起的腰痛及其他疾病。

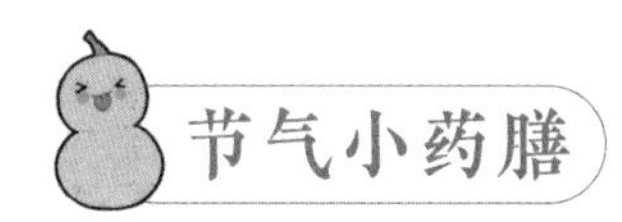

气候炎热的大暑节气，饮食宜清淡、易消化、富含纤维，并注意消暑，荷叶、冬

瓜、西瓜、芦根、竹叶、绿豆、苦瓜等是不错的选择。此外，大暑炎热，雷阵雨不断，暑湿气较重，易阻碍脾胃，出现食欲不振、脘腹胀满、肢体困重、大便稀溏等，故饮食宜健脾祛湿，可适当多吃赤小豆、扁豆、薏苡仁、芡实、怀山药、茯苓等食材。同时，大暑人体出汗多，易耗气伤阴，饮食上除了多喝水、常食粥、多吃新鲜蔬菜水果外，还可适当多食用益气养阴食物，如莲子、百合、西洋参、太子参、玉竹、麦冬、石斛等。

枸杞芦根丝瓜汤

功效：益气生津，滋补肝肾，清热养阴，健脾和胃。

食材：枸杞子 5 克，芦根 5 克，丝瓜 100 克，火腿 20 克，生姜、葱白、蒜、植物油、盐、生抽、糖、鸡精、香菜适量。

做法：

①丝瓜洗净、去皮切丝，火腿切丝，生姜、葱白切丝，蒜切末，备用。

②加植物油热锅，加葱丝、姜丝、蒜末爆香，倒入丝瓜丝翻炒片刻，倒入火腿丝一起翻炒 2 分钟。

③加足量水，加入枸杞子、芦根，大火烧开后，加入盐、生抽、糖适量，小火煮约 10 分钟后放入鸡精调味，撒入香菜，出锅即可食用。

西瓜全饮汁

功效：养阴清热，利咽生津，化痰止咳。

食材：西瓜果肉 150 克，西瓜皮 100 克。（西瓜皮是指红色果肉与绿色硬皮之间的青白色部分。）

做法：将西瓜果肉和西瓜皮切块，一起放入打汁机中，搅打成果汁，倒入杯中饮用。

六月大暑吃仙草，活如神仙不会老

谚语中所说的仙草，又叫仙人草、仙人冻、凉粉草，一般生长在南方海拔不高的山麓间。仙草是药食两用植物，它的茎叶晒干后可以熬制成烧仙草，广东一带称其为凉粉，是一道消暑甜品。

相传在古代，山路崎岖，交通不便，人们远行全靠双腿，夏季酷热，常常会中暑。有位好心的神医将一种具有特殊香味的野草，施于路人，人们食用后顿感酷暑全消，神清气爽，身体恢复了元气，认为种草是仙人所赐，所以称之为仙人草，简称仙草。后来，人们纷纷用仙草驱暑，在大暑天吃仙草的习俗也渐渐流传下来。

仙草具有很高的药用价值，其味涩、甘，性寒，具有清热利湿、凉血解暑的功效，可用于治疗急性风湿性关节炎、高血压、中暑、感冒、黄疸、急性肾炎、糖尿病等。

趣味谜语

大暑避炎日（打一文字）。

【谜底：者】

秋季篇

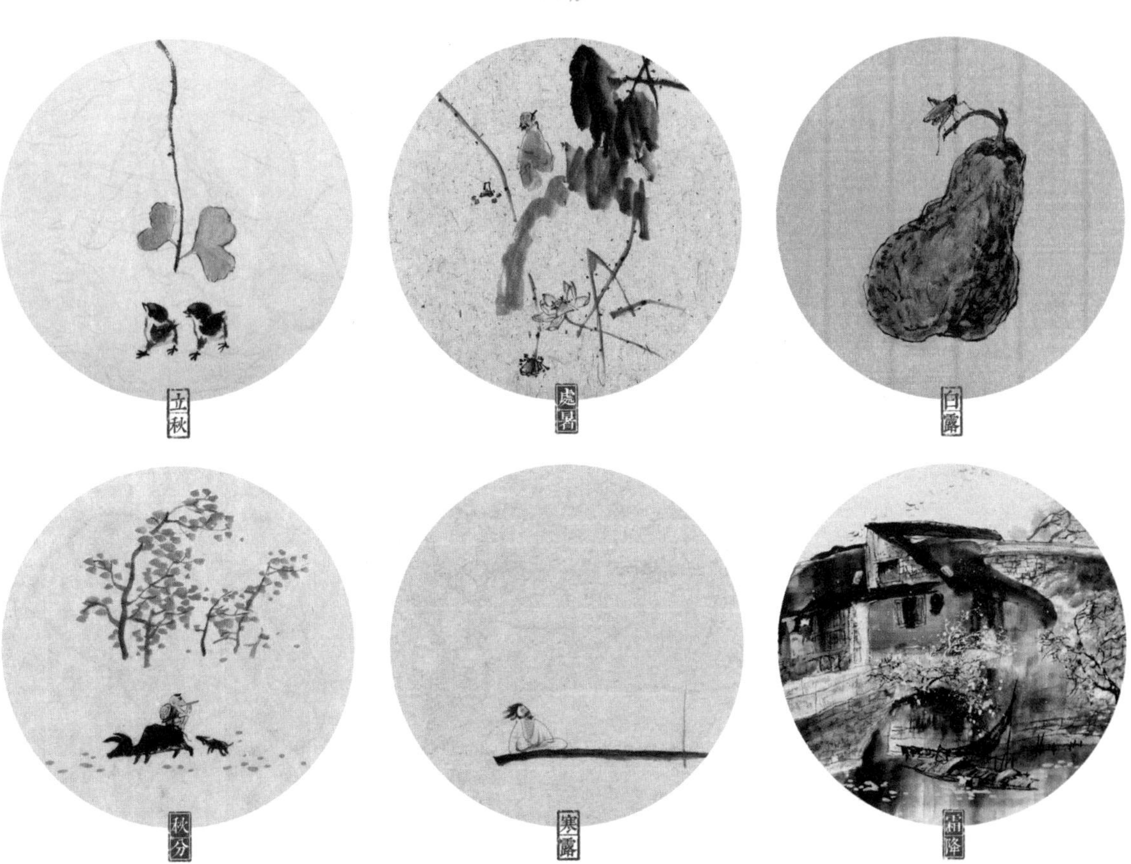

林帝浣　绘

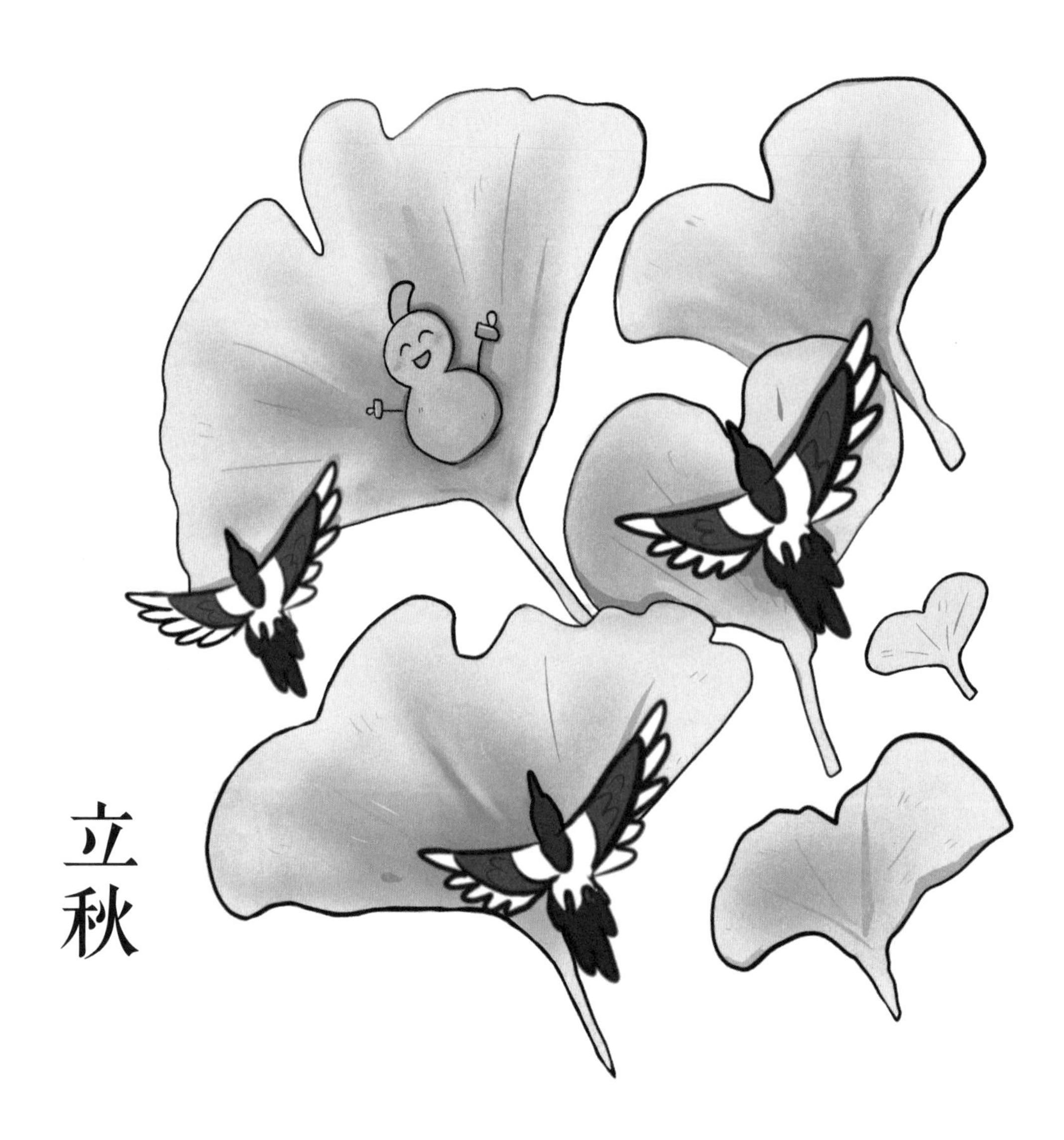

立秋

立秋，是每年公历 8 月 7～9 日，二十四节气的第十三个节气，也是秋季的起始。“立”，是开始之意；“秋”，意为禾谷成熟。整个自然界的变化是一个循序渐进的过程，立秋是阳气渐收，阴气渐长，由阳盛逐渐转变为阴盛的转折。同时，在自然界中万物开始从繁茂成长趋向成熟。据《月令七十二候集解》记载：“秋，揪（jiū）也，物于此而揪敛也。”立秋不仅预示着炎热的夏天即将过去，秋天即将来临，还表示着草木开始结果孕子，收获的季节即将到来。此时，中国中部地区早稻收割，晚稻移栽，大秋作物进入重要生长发育时期。

节气小故事

牛郎织女

立秋前后，有个浪漫的节日，常与立秋携伴而来，这便是七夕节，又叫乞巧节、七巧节。农历七月初七，是传说中牛郎织女鹊桥相会的日子。

传说古代天帝的孙女织女擅长织布，每天给天空织彩霞。她讨厌这种枯燥的生活，就偷偷下到凡间，私自嫁给河西的牛郎，过上男耕女织的生活。此事惹怒了天帝，把织女捉回天宫，责令他们分离，只允许他们每年的农历七月初七在鹊桥上相会一次。他们坚贞的爱情感动了喜鹊，无数喜鹊飞来，用身体搭成一道跨越天河的喜鹊桥，让牛郎织女在天河上相会。

七夕节不只是一个浪漫的关乎爱情的节日，实际上，七夕节作为传统节日，蕴含着丰富的传统文化，也与中医息息相关。七夕有配药的习俗，人们常用松子仁、柏子仁、荷叶入药配方。中医学认为，经常食用松子仁利于身心健康、滋润皮肤、延年益寿；柏子仁香气浓郁，能养心安神、止汗润肠；荷叶能清热解暑、升发清阳、凉血止血。

节气小穴位

立秋后，气候特点逐渐从“暑湿”转为“秋燥”，肺与秋天在五行中同属于金，肺喜润而恶燥，而秋燥容易危害肺部，引起肺部疾病，很多人会感觉到胸闷、气短，各类呼吸系统疾病、过敏性疾病也慢慢进入了高发期。那么，是否有及时有效的小方法可以缓解立秋后带来的不适呢？这里给大家介绍一个重要的穴位——迎香穴。

迎香穴位于我们鼻翼外缘中点旁开 0.5 寸，鼻唇沟中。迎香穴是治疗各种鼻部疾病的要穴。点揉迎香穴具有疏散风热、润肺防燥、通利鼻窍的作用，对我们感冒时缓解鼻塞也很有帮助，还能疏散风邪，治疗各种颜面部疾病。按揉时双手食指分别按在两侧迎香穴上，往上推或反复旋转按揉 3 分钟，鼻腔会明显湿润、通畅很多。

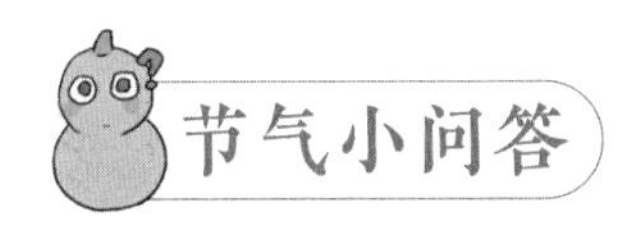

为什么古人要“贴秋膘”？

夏天天气炎热，人体脾胃功能弱，容易出现食欲不振的症状，俗称“苦夏”。加上夏季人体消耗较大，经过一个夏天之后体重减轻，到了冬天难以御寒。而古代御寒物资相对不足，为了抵御寒冬，需要“屯点脂肪”。立秋后天气转凉，胃口好转，牛羊肥美，正是适合进补的季节，“贴秋膘（biāo）”随之提上日程。

而在当代，随着生活条件的改善，因“苦夏”导致体重减轻的情况已越来越少见，一入秋就大量进补肉食会加重肠胃负担，再加上油腻的食物本就不好消化，易导致消化功能紊乱，出现腹泻、胃胀等症状。所以，“贴秋膘”需要因人而异，若盲目贴秋膘容易加重胃肠道的负担，一不小心，还可能会诱发疾病。

而且，我国地域辽阔、幅员广大，实际上各地区不会在立秋这一天同时进入凉爽的秋季。尤其是南方地区，盛夏余热未消，此时进补为时尚早。因为立秋后还在伏天里，人体湿气仍较重，脾胃消化功能还比较弱，要先养护脾胃，排出体内湿气再进补，方能起到作用。此时可以选择莲子、怀山药、芡实、白扁豆、小米、南瓜、芋头等健脾养胃。等入冬之后，再适当吃一些补益而又不滋腻的食物，来为身体储存能量。

节气小药膳

立秋时节需要遵循“润燥、补肺、养阴、多酸”的原则。酸味收敛肺气，辛味发散泻肺，秋天宜收不宜散肺气，所以要尽量少吃葱、姜等辛味之品，适当多食酸味果蔬；秋季燥气当令，易伤津液，饮食应以滋阴润肺为宜。根据“燥则润之”的原则，我们应多吃养阴、润肺、防燥的食物，如莲子、百合、银耳、南瓜、枇杷等。

另外，因立秋时暑热之气还未尽消，天气依然闷热，故仍需适当食用防暑降温之品，如绿豆汤、莲子粥、百合粥、薄荷粥等，此类食物不仅能消暑敛汗，还能健脾开胃、促进食欲。

黄精煨猪肘

功效：补脾润肺。

食材：黄精 9 克，党参 9 克，大枣 5 枚，猪肘 750 克，生姜 15 克，葱适量。

做法：

①黄精切薄片，党参切短节，装纱布袋内，扎口。

②大枣洗净待用；

③猪肘刮洗干净放入沸水锅内焯去血水，捞出待用。

④生姜、葱洗净拍破待用。

⑤以上食物同放入砂锅中，注入适量清水，置武火上烧沸，撇尽浮沫，改文火继续

煨至汁浓肘黏，去除药包，装入碗内即成。

百合银耳莲子粥

功效：养心安神，润肺止咳。

食材：莲子 10 克，百合 10 克，银耳 20 克，枸杞子 5 克，红枣 10 克，白糖适量。

做法：将莲子去心，百合、银耳、枸杞子和红枣分别用温水浸泡 30 分钟左右。锅中水煮开，放入食材，大火煮沸，继续小火慢煮大约 15 分钟。出锅后，根据个人口味加入适量的白糖。

荷莲一身宝，秋藕最补人

荷花一身都是宝,《本草纲目》中记载:“荷花，莲子、莲衣、莲房、莲须、莲子心、荷叶、荷梗、藕等均可药用。”其实，荷花除了有观赏价值，还全身皆是宝，莲子、莲须、藕节、荷叶及花等都可入药。下面我们一起来了解下荷花各个部分的功效。

荷叶性平，味苦，归肝、脾、胃经，有清热解暑、健脾升阳、凉血止血的功效，能止渴生津、解暑热。

莲子，是荷花的果实，性平，味甘、涩，归心、脾、肾经，具有益肾固精、补脾止泻、止带、养心的功效，是健脾安神的佳品。

莲子心，为荷花的胚芽，性寒，味苦，归心、肺、肾经，具有清心火、沟通心肾、降压的功效。

莲须，气微香，性平，味涩，归心、肾经，具有清心、益肾、涩精的功效。

藕节，为藕连接部分，性平，味甘、涩，归肝、肺、胃经，有止血、散瘀之效，主治咳血、吐血等。

莲房，是莲的成熟花托，性温，味苦、涩，归肝经，具有消瘀、止血、去湿解毒的功效。

莲藕，是莲的根茎，性寒，味甘，入心、脾、胃三经，鲜品偏于生津凉血，熟品偏于补脾益血。生藕具有消瘀清热、除烦解渴、止血等功效；藕经过煮熟以后，性由凉变温，失去了消瘀清热的性能，而变为对脾胃有益，具有养胃滋阴、益血、止泻固精的功效。

那为什么说秋藕最补人呢？是因为立秋之后天气变得干燥，很多人会在此时出现鼻咽干燥、干咳少痰、皮肤干燥等症状。根据“燥则润之”的原则，应以养阴清热、润燥止渴、清心安神的食品为主，如莲藕、芋头、土豆、猪肉、鸭、鲫鱼等，同时可选用麦冬、西洋参、天冬等具有滋阴润燥功效的食材或中药来减少秋燥对身体的伤害，降低甚至避免燥证的发生。而莲藕作为这个时节不可错过的时令蔬菜，既可食用，又可入药，微甜而脆，人皆爱食，宜挑选比较圆、外皮呈黄褐色、肉肥厚而白、外壁比较厚者，其口味极佳，这时候的莲藕也最是营养丰富，立秋食用再适合不过了，堪称秋季第一补。

趣味谜语

增添人口心倍愁（打一节气名）。

【谜底：立秋】

处暑

处暑，是秋季的第二个节气，适逢每年公历的8月22～24日交节。据《月令七十二候集解》记载:“处，去也，暑气至此而止矣。”处暑是反映气温变化的一个节气。“处”含有躲藏、终止之意，“处暑”也是“出暑”，表示炎热的夏天即将过去（暑热渐退），即将进入气象意义上的秋天（秋凉渐盛）。一年中最热的天气至此结束，并非说天气就不热了，此时的气候特点是午后闷热，早晚凉爽，气温总体开始呈下降趋势。

节气小故事

鹰祭鸟，敬天地

处暑一候“鹰乃祭鸟”。“鹰，义禽也。秋令属金，五行为义，金气肃杀，鹰感其气始捕击诸鸟，然必先祭之，犹人饮食祭先代为之者也。不击有胎之禽，故谓之义。”鹰，印象中是雄赳赳、严肃敏锐的鸟禽。秋季节令，天地之气开始收敛、肃降，草木开始凋零，鸟类缺少藏匿之处，鹰感应到肃杀的节气之令，开始捕捉其他鸟类，但食用前一定是先将捕到的鸟类进行整齐陈列，祭天后再食用，就像人类祭祀祖先一样先陈列祭拜祖先，之后再食用，鹰这种富有仪式感的举动给人庄严敬重的感觉，就像在感念天地的馈赠，而且鹰不捕捉有胎的鸟禽，雄鹰尚有此仁义之心，令人感动。

回过头来，反观我们自身，现在生活变得比以前富足，也许大多数人没有感受过种地要观天象、顺节气，且收成受天时气候变化影响大的辛劳与不易，对于食物来之不易的感受似乎不那么真切，对于食物真正来源于哪里似乎也没有很认真去追溯，通过“鹰乃祭鸟”这个小故事，希望能给小朋友们带来这种印象和认识：一粥一饭当思来之不易。中医经典《黄帝内经》中有言“天覆地载，万物方生”“天覆地载，万物悉备，莫贵于人。人以天地之气生，四时之法成”，人生活在天地间，最大的父母是天地，人所拥有的一切资源追根溯源是来源于天地这对父母的馈赠，人是在天地之气养护下的万物的一分子，应当像雄鹰一样对天地万物秉持敬畏、感恩、珍惜、爱护、仁慈之心。

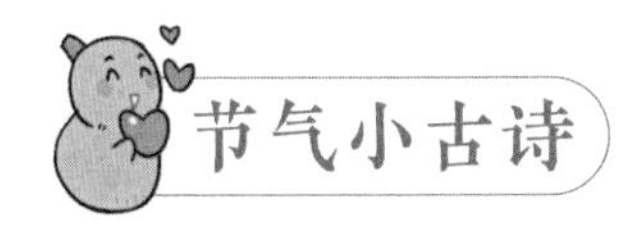

早秋曲江感怀

唐·白居易

离离暑云散，袅袅凉风起。

池上秋又来，荷花半成子。

朱颜易销歇，白日无穷已。

人寿不如山，年光急于水。

青芜与红蓼，岁岁秋相似。

去岁此悲秋，今秋复来此。

一首小诗，前两句通过“风”和“云”就描绘出了初秋时节最具特征的天气变化：暑散、凉起。人们感受到天气从炎热到凉爽的变化，不是体现在气温的变化上，而是通过风带来的体感变化来体会。有如中医所说的“风为百病之长”，风亦是传递天气变化信息的使者。风的变化，由小暑一候“温风至”，到立秋一候“凉风至”，从小暑节气开始的热烘烘的风，变成了立秋节气开始凉丝丝的风。处暑时节的风，相比呼呼啦啦狂乱袭人的西风、冷冽的北风，是轻柔舒适的袅袅凉风。《灵枢经·九针十二原》有一句“效之信，若风之吹云，明乎若见苍天”，形容针灸治病见效之确切，就像风吹动云朵发生变化一样明显，民间有云“（农历）五月六月看恶云，七月八月看巧云”，从暑天到秋天天空中云朵的变化也是明显的。“离离暑云”指的是灰黑浓密、翻涌咆哮，有如“山雨欲来风满楼”的积雨云，到此时，天清气朗，天空的“颜值”显著提升，令人胆战心惊的云隐退，抬眼所见是令人心旷神怡的云，或是丝丝缕缕的卷云，或是轻轻柔柔的淡积云。风变得宜人，云变得亲和，处暑时节的天气令人心生欢喜。

节气小穴位

进入处暑节气，天气逐渐转凉，但暑气还没有消尽，刚经过又热又湿的三伏天，身体还残留很强的湿浊之气，这时候可借助悬灸化除湿气、扫清痰浊，让暑湿之气排

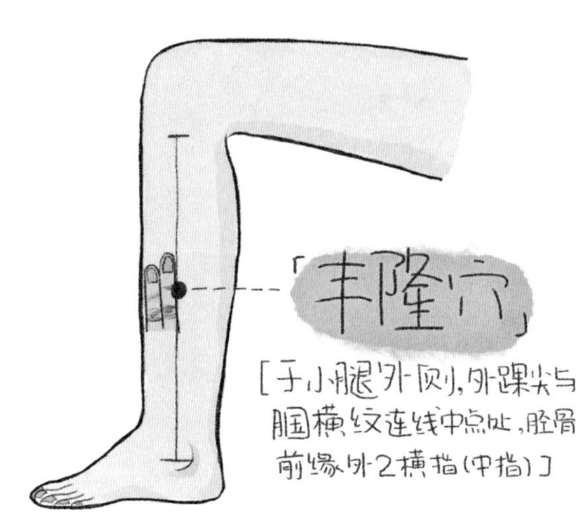

尽，恢复身体清爽。

这里向大家推荐足阳明胃经的化痰化湿要穴——丰隆穴，在小腿的外侧，外踝尖与腘横纹连线中点处，胫骨前缘外 2 横指（中指）。按揉此穴位可以促进脾胃运送和转化饮食物为气血供人体生命活动，对秋季可能出现的因脾胃虚弱引起的腹泻有很好的预防作用。

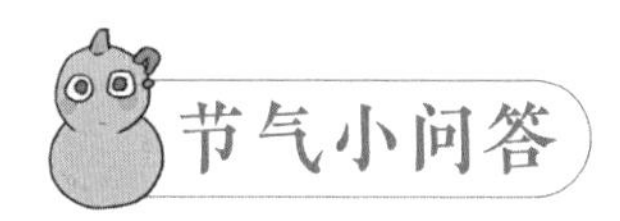

春捂秋冻，“秋冻”到底是何意？

俗话说“春捂秋冻”，是民间“流行”的传统养生之法，“衣”与“医”同音，懂得穿衣很重要，能够适时穿好衣服养护身体，就好像随身携带着好医生，那么究竟如何才是正确的“秋冻”呢？初秋气温开始变凉，但暑热还没有消退殆尽，早晚温差较大，尤其要注意穿衣。在南方暑热较甚，不宜过早过多地增添衣服，因为如果穿得过多导致汗出过多，气血随汗出而耗伤，反而违背了秋天养“收”之道，秋天阳气开始向内收敛，不像夏天向外散发。但是秋冻也不是一成不变的，要因人因地制宜，根据天气变化灵活穿衣，气温较低时要根据体感适当增加衣物，防寒凉伤阳气，以身体感觉不过寒为准，使身体逐步适应凉爽的气候变化。

还要特别注意“秋冻”不是逞强硬抗冻哦！比如当身体有时打一哆嗦，或是凉得起鸡皮疙瘩的时候，那就要适当添衣了。尤其要注意脚踝、膝盖、肚脐、后腰、颈背部这些地方不要受凉，有句话“寒从脚下起，病从梁（脊柱）上生”，颈背部有沿着脊柱循行、总督一身阳气的督脉及一身之藩篱足太阳膀胱经（有很多脏腑的俞穴），“虚邪贼风”易从后背入侵人体，损伤阳气、扰乱经络或者脏腑运行，脚踝上的三阴交、膝盖附近的血海、肚脐上的神阙、后腰的命门等穴位一旦受凉，不仅会影响脾胃功能、出现腹痛腹泻等，久而久之还可能落下风湿腿痛等慢性疾病。小朋友们要从小就呵护好自身的阳气，不要让有限的阳气资源过早过多地漏掉，从而影响身体健康。

秋天也会伤于湿吗?

说到秋天，常给人干燥的印象，但初秋时仍留有夏暑的湿，立秋、处暑、白露的主气都是由六气中的太阴湿土司权，这时候伤于湿多，伤于燥少。《黄帝内经》有“秋伤于湿，冬生咳嗽”，为什么呢？脾喜燥恶湿，在外秋伤于湿，在内应于脾，会影响脾运输和转化饮食所进的水液谷物等，不能转化成供人体正常使用的气血，则产生病理产物，生成痰湿。“脾为生痰之源，肺为贮痰之器”，在脾生成的痰湿，上注于肺，肺气不利，上逆则咳嗽咳痰。那如何防止秋伤于湿呢？外在环境上，远离潮湿的环境，避免涉水淋雨、冒早晨之雾露或山岚云瘴等；内在环境上，避免贪食生冷，避免暴饮暴食、过饱等损伤脾胃，注意饮食调理。

为什么说“秋不食姜”？

民间常说“秋不食姜，夜不食姜”，为什么呢？因为秋天比较干燥，秋气收敛，人体也要顺应天气收敛阳气，而姜性辛热，促使阳气往外散发，多食还容易伤阴。秋季也并非一点姜都不能吃，关键是不要多吃，此时正值嫩姜上市，可以将嫩姜用醋腌制，酸性收敛以制约姜的发散之性。白天阳气往外生发，夜间阳气向内收藏，所以夜间尽量避免吃辛热发散的食物扰动阳气，早晨起来可以适当吃一些，助阳气生发，以温阳、健脾、祛湿。

节气小药膳

古人说“一夏无病三分虚”，是指经过漫长、炎热的夏季，身体的气、阴容易被暑热之气耗损，比如经常感觉口干口渴、很想喝水，感觉气不够用、提不上来，晚上睡不好、梦多。这时候，不要急着“贴秋膘”进补，就像土壤长期干旱、土地板结的时候无论怎么浇水施肥，水分和营养都不能渗透进到土壤里，而是会流走。身体也是这样，脾胃在中医属土，就像土壤，经过炎热的夏季，脾胃处于相对虚弱的状态，尤其是南方地区湿热交加，初秋时节湿气未除，如果再吃一些厚重油腻的食物，无疑是加重脾胃的负担，此时要先疏通，松松“土”，再进补。

进入处暑，昼夜温度变化明显，肠胃受到忽冷忽热的刺激容易生病，如果饮食不慎，更易出现腹胀、腹痛、腹泻等症状，所以这时候不要贪凉，饮食上要养护脾胃。初秋饮食注意主要有三点：①初秋尚湿，避免过食肥厚油重、滞气、甜腻助湿的食物；②秋气收敛，避免过食辛温散发或重口味的食物；③注意避免水生作物的寄生虫问题。

处暑时节若暑气还在，饮食还可像暑天那样吃些祛暑湿的粥或汤，清淡为宜，略增咸味；若暑气正退，可多吃些养阴而不滋腻的食品如银耳、莲子、梨等。饮食总体以健脾养阴为主，不增加脾胃负担，易消化又养阴的饮食无疑属粥，推荐一碗“土气”很足的家常粥——小米南瓜绿豆粥。

小米南瓜绿豆粥

功效：健脾养胃，养阴润燥，清暑益气。

食材：小米 1 把，南瓜 200 克，绿豆 1 小把，百合 20 克，荸荠 5 个。

做法：将食材洗净，绿豆、百合提前浸泡 30 分钟，先放入绿豆、百合用大火煮开，再用小火慢煮 20 分钟后放入小米、南瓜、荸荠，煮至小米、南瓜、绿豆软烂即可。

节气小谚语

处暑天还暑，好似秋老虎。

处暑天不暑，炎热在中午。

处暑天虽渐凉，但仍会出现短暂的闷热。秋老虎是气象学上三伏天出伏后，南移的西太平洋副热带高压又再度北移控制，在立秋、处暑这段时间短期回热，出现晴朗少云、35℃以上的天气，尤其是中午，日照强、气温高，像一只猛虎蛮横霸道占据大部分地区。“秋老虎”不一定每年都出现，每次出现时间长短不一，总体持续半个月到两个月不等，虽然气温高，但总体来说空气干燥，早晚不太热，不至于像暑天那样闷热的喘不过气。

秋天主气是燥，但秋老虎之初处于夏秋之交，夏季的暑湿之气还很强盛。湿气盛仍是很多人身体面临的问题，尤其是素来脾胃虚弱、寒湿的体质，在整个夏季过度吹空调、喝冷饮、吃水果等，再加上秋老虎来袭、容易贪凉，这些行为都容易加剧身体的寒湿，这个时候不要盲目祛秋燥，健脾祛湿仍是重点。所以，这个阶段要根据气候防暑、祛湿，防秋燥、忌贪凉。

中医顺时养生

居家养生建议

1. 每天多睡 1 小时

处暑时节正处在由热转凉的交替时期，自然界的阳气由疏泄趋向收敛，人体内阴阳之气的盛衰也随之转换。此时，人们应早睡早起，保证睡眠充足，每天应比夏季多睡一个小时。早睡可避免秋天肃杀之气，早起则有助于肺气的舒畅。午睡也是处暑时节的养生之道，通过午睡可弥补夜晚睡眠不足，有利于缓解秋乏。

2. 早晚适当添衣

处暑后天气逐渐转凉，昼夜温差加大，早晚应适当添衣。但处暑时正值初秋，此时暑热未消，因此添衣时可遵循“春捂秋冻”的养生原则，不宜一下子添得过多，以自身感觉不过寒为宜，可有意识地让身体冻一冻。秋冻有两大好处：一是可以提高人体的肌肉关节活动能力，促进血液循环；二是能提高人体的御寒能力，以达到强身健体之目的。

饮食养生建议

1. 宜增咸酸减辛辣

处暑时节要重视养肺，在饮食方面适当吃咸味、酸味的食物，如西红柿、山楂、乌梅等，少吃辛辣食物。如果早晨起来感觉口干咽干，可喝点淡盐水。

2. 适当吃滋阴润肺的食物

处暑时节天气较干燥，燥邪易灼伤肺津，此时节根据情况可以吃一些具有养阴润肺作用的食物。银耳是养阴润肺的佳品。中医学认为，银耳味甘、淡，性平，归肺、胃经，具有润肺清热、养胃生津的功效，可防治干咳少痰或痰中带血丝、口燥咽干、失眠多梦等病症。除此之外，梨、百合、芝麻、牛奶、鸭肉、莲藕、荸荠、甘蔗等也是适合此时食用的滋阴润肺的食物。

运动养生建议

处暑时节可选择爬山、健身操、散步、太极拳等运动方式进行锻炼，以排出夏季郁积在体内的湿热，对人体安然度夏大有帮助。但运动时要注意强度不可过大，避免大量出汗而损伤阳气。

情志养生建议

处暑时节自然界出现一片肃杀的景象，人们易触景生情而产生悲伤的情绪，不利于人体健康。因此处暑时节要注意收敛神志，使神志安宁、情绪安静，避免情绪大起大落，平时可通过听音乐、练习书法、钓鱼等方式以安神定志。

白露

白露，是二十四节气中的第十五个节气，秋季第三个节气，是干支历申月的结束与酉月的起始，于公历9月7～9日交节。白露是反映自然界寒气渐强的重要节气，亦是一年中昼夜温差最大的节气。进入白露，“秋老虎”的余威不复存在，正式“归山”，冷空气转守为攻，日照时间骤减，白昼有阳光尚热，但傍晚后气温便很快下降，昼夜温差逐渐拉大，真正进入仲秋。

诗经·秦风·蒹葭

蒹葭苍苍，白露为霜。所谓伊人，在水一方。

溯洄从之，道阻且长。溯游从之，宛在水中央。

蒹葭萋萋，白露未晞。所谓伊人，在水之湄。

溯洄从之，道阻且跻（jī）。溯游从之，宛在水中坻。

蒹葭采采，白露未已。所谓伊人，在水之涘。

溯洄从之，道阻且右。溯游从之，宛在水中沚（zhǐ）。

说起白露，不得不提《诗经》这首著名的诗篇，多么美的诗歌。

河边芦苇青苍苍，秋深露水结成霜。意中人儿在何处？就在河水那一方。逆着流水去找她，道路险阻又太长。顺着流水去找她，仿佛在那水中央。

河边芦苇密又繁，清晨露水未曾干。意中人儿在何处？就在河岸那一边。逆着流水去找她，道路险阻攀登难。顺着流水去找她，仿佛就在水中滩。

河边芦苇密稠稠，早晨露水未全收。意中人儿在何处？就在水边那一头。逆着流水去找她，道路险阻曲难求。顺着流水去找她，仿佛就在水中洲。

这里的“伊人”，可以是意中人，也可以是心中的理想，总为心之所向。整首诗的意象给人一种邈远空灵、清爽干净的美感，就像秋天被清晨初升的太阳照射而显得澄澈晶莹的“白露”。“白露”的露珠其实是透明的，并不是白色的，那它为什么叫“白露”呢？《月令七十二候集解》中“水土湿气凝而为露，秋属金，金色白，白者露之色，而气始寒也”。白露时节阳气收敛，水气不能上升成为云，反凝结于下，早晚时气温低，空气中的水汽便在草地和叶子上凝结成许多露珠，晶莹剔透而泛白。透过体感和视觉都给人寒凉的信号，都在告诉我们阳气收降的趋势越来越明显，天气开始变寒。“白”在古文中还有“明亮纯净”的意思。此外，中国传统有五行的哲学思想，五行分别为木、火、土、金、水，分别对应四时春、夏、长夏、秋、冬，还与五色相对应，分别是青、赤、黄、白、黑，秋露按秋天对应的颜色称为“白露”。《月令七十二候集解》中有说：“白露，八月节。秋属金，金色白，阴气渐重，露凝而白也。”秋气是沉降、收敛、肃杀的，五行中金的性质与秋相应，金是质重沉降的，金也是经过冶炼收敛凝结的成果，气是向内收的，再想象一把金属质地的斧子，给人凌厉、冰凉、肃杀的感觉。此外，大多数金属本色是银白色，白的色调偏冷，如此，秋、金、白是相通的。古人用朴素的思维将五行与四时相联系，形象生动而充满智慧，天地万物是相联系、相通相应的。在中医里，五行还与五脏相对应。秋气通于肺，秋的主气是燥，燥易伤肺，肺气通于鼻、肺主皮毛，燥邪伤肺可出现鼻干、咽燥、皮肤干燥，甚至瘙痒、干咳等表现。所以秋季尤要注意养肺，可以适当食用一些色白入肺具有滋阴润燥作用的食物，如梨、百合、麦冬、银耳等。

节气小穴位

背俞穴是五脏六腑之气输注于背部的腧穴，可以治疗相应的脏腑病及与该脏腑相关联的五官疾病、肢体疾病等。秋气通于肺，肺为娇脏，容易感受外邪而生病，白露时节天气开始变寒，昼夜温差大，人体容易感受寒邪，肺俞穴可调理肺脏，增强其抵御外

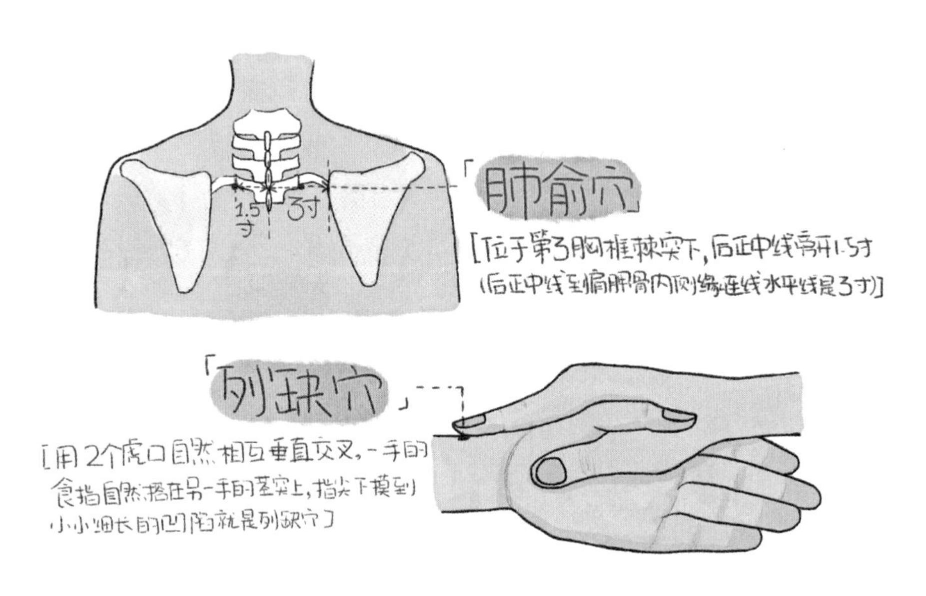

邪的能力，还可扫清肺部积滞，为接下来适应秋冬之气做准备。白露是秋季的第三个节气，肺俞穴刚好位于第三胸椎棘突下，后正中线旁开 1.5 寸（后正中线到肩胛骨内侧缘连线水平线是 3 寸），悬灸肺俞穴，能促进肺的宣发肃降，可以预防秋燥、咳嗽等问题，正确的灸感会有整个胸腔温热的感觉。

列缺属于手太阴肺经，是肺经的络穴，沟通、联络相表里的手阳明大肠经，不仅对咳嗽、气喘、咽干咽痛等肺系病证的防治有帮助，对秋季可能出现的腹胀、腹泻、便秘等肠胃系统的问题也有预防和调节作用。取穴时用两个虎口自然互相垂直交叉，一手的食指自然搭在另一手桡骨茎突上，指尖下摸到小小细长的凹陷就是列缺穴。另外，“头项寻列缺”，列缺穴对于头痛、颈部僵硬酸痛怕风寒等也有效哦。

白露说“露”，露也是一种本草？

《说文解字》云：“露，润泽也。”露，从雨从路。雨代表天地间有形、无形的水，路即路径。古人认为，露是天地间的水凝结于地面上的万物显现出来的形态，也暗含了水在天地间升降的路径——地气蒸腾。夜间或气温下降时，天上、空气中无形的水蒸气遇凉凝结到地上形成雨露，白天或气温上升时，水又从地上的露珠蒸腾回到天上、空气中。水气凝结成露珠附着于草木等物的过程，正是天地间的水滋润万物的过程。

明代李时珍《本草纲目》记载："露者，阴气之液也，夜气着物而润泽于道旁也。""秋露繁时，以盘收取，煎如饴（yí），令人延年不饥。"白露结于秋天的夜晚，性阴凉而滋润，可以润燥除烦热，尤其能润肺润肤。秋气通于肺，肺又主皮毛，且此时的露水禀秋天的肃杀之气，用来煎调杀虫类的药能起到增强功效的作用。"百草头上秋露，未晞[①]时收取，愈百疾，止消渴，令人身轻不饥，肥肉悦泽。"万物有灵，附着在不同本草上的露水，会感受并吸收该植物的精气，因而会附带一定的该本草的性质。从《本草纲目》《本草纲目拾遗》《随息居饮食谱》举一些例子，如：百花上露，令人好颜色；柏叶上露，菖（chāng）蒲上露，并能明目，旦旦洗之；韭叶上露，去白癜风，旦旦涂之；凌霄花上露，入目损目；糯稻头上露，治瘩块，八月白露后收，晚作二服，饮下立消；稻头上露，养胃生津；荷花上露，清暑怡神；菊花上露，养血息风……多美多有意思！我们不妨再去探索，收集下这些水中精华，或内用或外用。

古人常用露做饮品，如《楚辞》中"朝饮木兰之坠露兮，夕餐秋菊之落英"；乾隆曾发明"荷露茶"，命人晨起一滴一滴汲来荷叶上的露珠，用来煮茶，《荷露煮茗》诗前小序有云：水质以轻为贵，越轻越宜于烹茶，饮之可"蠲疴（juān kē）益寿"。

节气小药膳

白露过后，天地间的气机愈渐沉降收敛，由初秋的湿转向仲秋的燥，天气由凉转向

① 未晞：晞，即干。未晞，即指露珠还没干，天刚破晓之时。

寒。虽是秋燥，但不能一味地“降火”，如果食用过多寒凉食物，损伤阳气则得不偿失，秋燥的影响最先反应在肺系，如鼻干、咽干、干咳等，甚则可出现皮肤干裂、瘙痒、便秘等症状。因而这个阶段的饮食宜以“温润”为主，养阴液、润肺燥。常见的滋润且不寒的食物如银耳、莲藕、芝麻、核桃、龙眼等。

龙眼，又称桂圆，性温，味甘，多汁美味，有补心脾、益气血、健脾胃、养肌肉、安心神、助睡眠的效果，作为时令水果，又是一味中药，南方一些地区就有“白露必吃龙眼”的习俗。现代很多人因为学业、工作等劳倦思虑过度，耗伤心脾气血，血虚不能养神，神无所依附，会出现失眠、多梦等表现。桂圆能补益心脾、养血安神，因而常见于用治心脾两虚失眠症的食疗膏方中。如果身体没有内热，桂圆肉是可以久服的，能养血安神益智、养颜美容。一天拈来三五颗桂圆品一品，或热水冲泡饮水吃桂圆肉，美滋滋。小孩儿学习累了，家长心疼，便会用桂圆炖汤给孩子补补气血，岭南地区的小孩儿应该就有小时候和长辈摘龙眼、晾晒桂圆肉、干吃甜滋滋的桂圆肉或桂圆炖肉补养气血的幸福记忆，多么温馨甜美。桂圆能养血，是因其味甘、色赤、汁浓；能益气，是因其味甘气香而入脾，虽然质地比较滋腻，但因其气香能醒脾健脾，相对就没那么滋腻难消化。推荐一款做起来非常容易的食疗方——桂圆汤。

桂圆汤

功效：补心脾，养气血，安心神。

食材：桂圆 9 颗。

做法：桂圆放入锅中，加入 150 毫升水，煎煮至 100 毫升，即可享用。

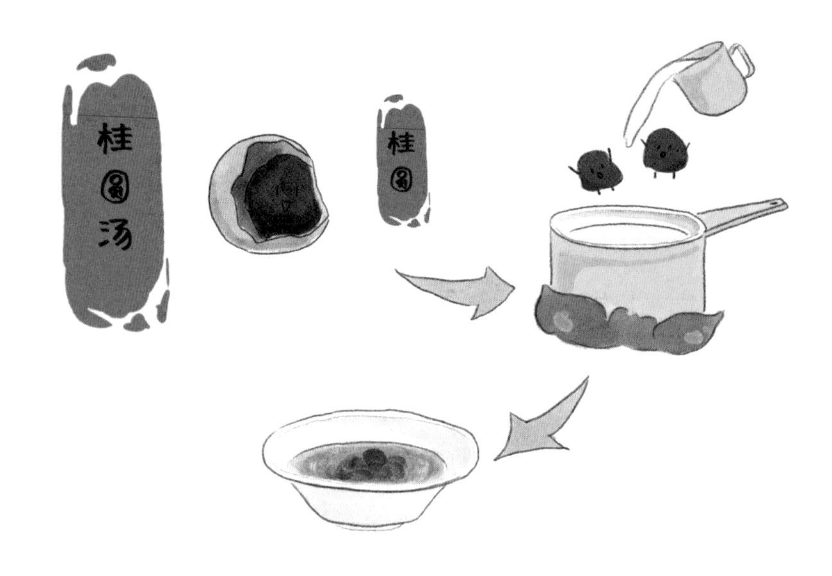

白露身不露

白露时节是暑湿之气与秋燥之气变换交替之际，是一年中温差最大的节气。不少地方白天的气温仍高，但即便同是30℃的气温，白露与盛夏的温度是不同的。因为此时天地间的阳气已经沉降收敛，是肃杀之气，这种气虽然看不见，但却可通过物候显现。“一候鸿雁来”，鸿雁是我国北方的候鸟，“热归塞北，寒来江南”，白露时北方寒气渐重，鸿雁感此节气，便结伴南飞，古人认为其家乡在北方，故小寒时“雁北乡”用的是“乡”，而来南方是为了避寒，是来做客的，故白露时节称“鸿雁来”；“二候元鸟归”，元鸟指燕子，燕子和鸿雁一样，感寒而南飞过冬，燕子是南方之鸟，故其南飞称“归”；“三候群鸟养羞”，《礼记》注：“羞者，所羹之食。养羞者，藏之以备冬月之养也。”此时也正好是秋果丰硕、秋虫肥美的时节，群鸟感知到秋天的肃杀之气，开始储存食物准备过冬，在寒冷的冬季到来之前“贴秋膘”，养得羽翼丰满以御寒。通过细微的感知，借助物候传递的信息，顺应节气养生。白露三候，鸟儿告诉我们要储存好阳气御寒了，虽然白天气温仍高，但若延续夏天的衣着，就容易着凉。这时候穿衣要注意不露身，尤其肚子、后背、膝盖、小腿这些地方不要裸露，要注意保暖，尤其早晚气温比较低的时候要穿长衣长裤哦。

秋分

秋分，是二十四节气之第十六个节气，秋季第四个节气，于每年的公历9月22～24日交节。秋分这天太阳几乎直射地球赤道，全球各地昼夜等长。《春秋繁露》云：“秋分者，阴阳相半也，故昼夜均而寒暑平。”秋分，“分”即为“平分”“半”的意思，除了指昼夜平分外，还有一层意思是平分了秋季。秋分日后，太阳光直射位置南移，北半球昼短夜长，昼夜温差加大，气温逐日下降，我国各地正式迈入秋高气爽、寒冷肃杀的深秋时节。

雷始收声，蛰虫坯户，阳气收敛，御寒保暖

古人认为，雷由阴阳相激而发声，春分时“雷乃发声”，雷声随阳气生发而盛，秋分时“雷始收声”，雷声随阳气潜降而收。“蛰”指“藏伏”，昆虫入冬藏伏在土里，惊蛰时天上春雷乍动，惊醒地里蛰虫，万物进一步复苏、生发，春分“雷乃发声”是阳气发动破阴寒而出的显示。到了秋分“雷始收声”，映衬阳气由向外释放转入全面的向内收藏的状态，阳气收藏意味着天气变凉变寒，昆虫得此提示便开始筑巢御寒准备过冬。

这里要说一说虫儿的“智慧”。“坯”，《说文解字》注“坏（坯），瓦未烧也”，指的是由泥土制作成形但还没有经过烧制的瓦或陶器。《月令七十二候集解》云：“二候，蛰虫坯户。淘瓦之泥曰坯，细泥也。”按《礼记注》曰：“坯益其蛰穴之户，使通明处稍小，至寒乃甚乃墐塞之也。”秋分时，蛰伏在土里的虫儿们开始用细泥在地下安了个可以冬眠的家，聪明的它们还会留个小洞作为进出的通道，等到天很冷的时候，就用细泥把洞口封起来防止寒气的入侵。

中医养生法则里讲究“天人相应”，我们要学习虫儿顺应天地节气而生的智慧，避寒保暖，穿好衣服，避免露脚踝、露膝、露脐等，睡觉盖好被子，保护好关节、肚脐、穴道的孔隙防止寒气入侵。

蛰虫坯户，是用土做的房子，与我国黄土高原地区传统的住所——窑洞相似。窑洞是人们在土山上打洞加固修建成的住所，具有冬暖夏凉的特点。聪明的人们因时因地制宜，通过日常生活的衣食住行就能养生保健，不同地域的住所也蕴含着人们养护身体健康的智慧。窑洞便是黄土高原地区人们顺应天地借助地域特点巧妙建成的住所，秋冬时阳气往下沉降、往内收敛，所以严冬时节即使外面白雪皑皑，窑洞内却可以保有一定的温暖，厚实的土帮助人们抵御寒冷，就像母亲的怀抱，若天地乾坤是一对父母，坤便是母亲。

节气小穴位

秋分，最大的特点就是“昼夜平分，阴阳均分”，这个时节养护的核心是阴阳平调，选取穴位首重阴阳平调、阴阳同调。“春夏养阳，秋冬养阴”，秋分时阳气沉降收敛，养护便是要养收藏之气。

命门穴位于腰背部，是督脉上非常重要的穴位，背为阳，督脉为阳脉之海。“命门者，为水火之府，阴阳之宅，为精气之海，为生死之窦”，命门藏有元阴和元阳，按揉或悬灸命门，既能扶阳又能益阴，阴阳双补。

关元穴位于腰腹部，是任脉上非常重要的穴位，腹为阴，任脉为阴脉之海，关元为元气之海，也藏着元阴、元阳，按揉或悬灸关元，可以扶持元气、调和阴阳。

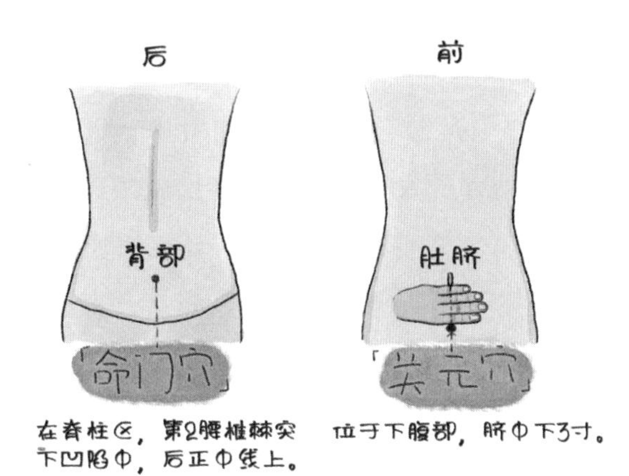

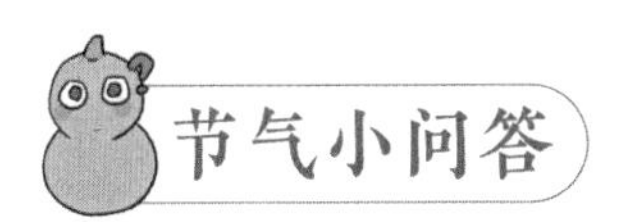

这时候还要“秋冻”增强抗寒能力吗？

老话常说“春捂秋冻”，秋分的时候还要“秋冻”吗？老话还说“秋分送霜，催衣添装”。“秋冻”是指初秋时节，暑热还没有退尽的时候，不要过早过多地增添衣物，以免过多汗出耗伤阴液，影响阳气的收藏。春分、秋分虽然都是阴阳相半，但春分是阳气生发，生生之气，温温润润、缓缓地感受到气温逐渐升高。而秋分时阳气收敛，是肃杀之气，气温会出现断崖式的下跌，此时进入深秋，“秋老虎”早已“归山”，所以不像初秋那样，气温会时有回升。秋分养生要格外注意增添衣物，尤其要重点保护好颈肩、肘膝、腰腹、踝关节等，防止寒气的入侵。颈肩处于上部阳位，腰腹分别有神阙、关元、命门等重要的穴位，肘膝踝关节等孔隙，这些都是风寒等邪气来袭易于侵犯的部位，“寒主收引”“寒性凝滞”，收引则僵紧，皮肤腠理闭塞、寒郁在里则可能发热，凝滞则气血不通、不通则痛，这些地方受寒气入侵则可能出现颈肩部僵紧酸痛、头晕头痛、发热、注意力不集中、腹痛腹泻，关节长期受寒到一定年龄则容易出现关节僵硬疼痛等症状。穿好衣服、简单的日常养护就能帮助避免这些疾病，也是养护阳气，顺应秋季养收之道的重要方法，故有“衣为大药”之说。

秋分时节养收养藏，饮食“少辛增酸”，因辛味发散泻肺，酸味收敛肺气，宜遵从润燥、补肺、养阴、多酸等原则。进入深秋，燥气当令，秋燥易伤肺、伤阴液，易出现皮肤和口唇干裂、口干咽燥、大便干结、咳嗽少痰等症状。此时饮食上更应防燥护阴，少吃辛热香燥的食物如葱、姜、蒜、茴香、八角等，以免助燥伤阴、加重内热。日常饮食可以通过“酸甘化阴”的思路来调养，比如食用山楂条、乌梅汤、苹果肉桂茶、桂花青梅饮等，一些润肺生津、滋阴润燥功效的食物如芝麻、梨、藕、百合、荸荠、甘蔗、柿子、银耳、蜂蜜等。百合、梨色白入肺，具有润肺止咳的作用，特别适合在此节气食用，但因其性偏凉，故胃肠功能差的人应少吃。山药性平、味甘，有益气养阴、补脾肺肾的功效，可用于治疗肾虚遗精、脾虚泄泻、肺虚咳嗽等症，山药还具有阴阳兼补、不燥不腻的温补特点，特别适合在秋分时节食用。

天香汤

八月金秋，桂花飘香，桂花辛温暖胃、芳香醒脾化湿，适合脾胃阳虚的人食用。再推荐一碗非常方便又清香宜人的天香汤，桂花与甘草辛甘化阳，梅子与甘草酸甘化阴，适合秋分时节阴阳同调。

功效：补阳益阴，醒脾解郁。

食材：桂花 9 克、梅子 6 克、甘草 6 克。

做法：将以上食材放入盖碗中，用 200 毫升沸水冲泡，盖上盖子闷泡三分钟，闻香品茶，唇齿留香。

浓藕汤

秋藕也是应季的食材，莲藕一身是宝，能清能补，秋藕最是补人，生藕偏清，熟藕偏补，最适合血虚、阴虚之人食用。《随息居饮食谱》云：“生食宜鲜嫩，煮食宜壮老，用砂锅，桑柴缓火煨极烂，入炼白蜜收干食之，最补心脾。若阴虚、肝旺、内热、血少及诸失血证，但日熬浓藕汤饮之，久久自愈，不服他药可也。”这里向大家推荐一碗浓藕汤。

功效：补益心脾，疏郁清热。

食材：藕 1 段（半斤左右）。

做法：将藕洗净、去皮、切片，放入锅中，加入适量清水（淹没食材 3 ~ 5 厘米），用大火煮开，转小火煮 0.5 ~ 1 小时，将藕片煮软烂，即可出锅享用。

节气小谚语

白露早，寒露迟，秋分种麦正当时。

秋分天气白云来，处处好歌好稻栽。

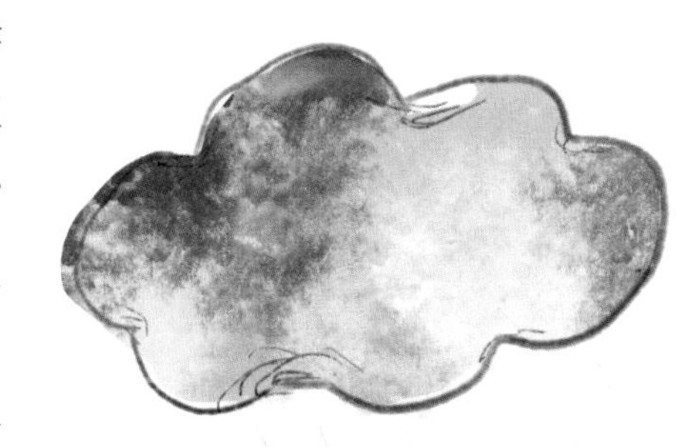

秋季是收获的好时节，秋分时降温快，亦是秋收、秋耕、秋种的“三秋”大忙时节。此时华北地区已开始播种冬麦，长江流域和南部广大地区忙着收割晚稻，并趁着晴天耕翻土地，准备播种油菜。秋分时节，南下的冷空气与逐渐衰减的暖湿空气相遇，产生降水，到了人们常说的“一场秋雨一场寒”的时候，但此时的日降水量一般不会很大，干旱少雨或连绵阴雨是影响“三秋”正常进行的不利因素，特别是连绵阴雨会使即将收成的作物倒伏、霉烂或发芽，造成严重的损失。所以有“秋分只怕雷电闪，多来米价贵如何”的说法，秋天本气是“收”，

气该收的时候收，顺应天之气便会有好的收成。《黄帝内经》中“五谷为养，五果为助，五畜为益，五菜为充”，意思是我们要好好珍惜粮食，好好吃主食。五谷作为主食，气味平和，经过天地间土壤、阳光、水分、人民辛劳的孕育，是最养人的，水果是辅助，蔬菜是补充，五畜是锦上添花的补益，最重要的还是主食。主食之所以称为主食，就因为它是主要的、重要的、首要的。学习、做学问也是这样，经典就像是“主食”，好好研习经典，有余力再学习其他知识作为补益，如果主次颠倒，先填满了其他，那可能会消化不良，装不下主要的东西了，也就得不到真正的滋养。

中医顺时养生

运动养生建议

秋分时节秋高气爽，很适合登山运动。登山有益于身心健康，可增强体质，提高肌肉的耐受力和神经系统的灵敏性。经常登山可以增强下肢力量，提高关节灵活性，促进下肢静脉血液回流，预防静脉曲张、骨质疏松及肌肉萎缩等疾病，而且能有效刺激下肢的经脉及脚底穴位，使经络通畅。在登山过程中，人的心跳和血液循环加快，肺通气量、肺活量明显增加，内脏器官和身体其他部位的功能可以得到很好的锻炼。此外，山林地带空气清新，大气中的浮尘与污染物比平地少，而且负氧离子含量高，在这样的环境中锻炼对身心健康大有益处。

寒露

寒露，是二十四节气之第十七个节气，秋季第五个节气。在每年公历 10 月 7～9 日交节。俗语说：“寒露寒露，遍地冷露。”寒露节气后，集天地之精气的露珠，冷寒而将凝结，放出微微的寒光，“寒露”之名由此得来。寒露，是深秋的节令，是干支历戌月的起始。寒露是一个反映气候变化特征的节气。进入寒露，时有冷空气南下，昼夜温差较大，并且秋燥明显。从气候特点上看，寒露时节，南方秋意渐浓，气爽风凉，少雨干燥；北方广大地区已呈现冬天景象。

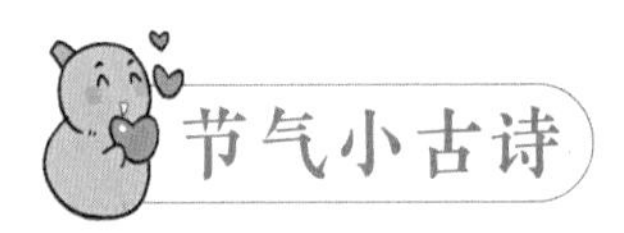

池上

唐・白居易

袅（niǎo）袅凉风动，凄凄寒露零。

兰衰花始白，荷破叶犹青。

独立栖沙鹤，双飞照水萤。

若为寥落境，仍值酒初醒。

凉风一动，万物凋零，一派萧索，惹动了诗人的心绪。秋日池上，寒露节气悄悄降临，露水凝结，带来了些许寒意。虽然兰叶渐渐衰败，但是兰花却依旧洁白；虽然莲蓬残破不堪，但是荷叶却依旧青青。秋池之上，一边是独立栖息的沙鹤，另一边却是双飞映照的水萤。你要说“我”身处寥落之境吧，却也不完全是，寥落之中，又透露着浓浓的秋意，犹如大梦初醒、大醉初醒，美不胜收。

寒露过后，白天渐渐缩短，夜晚逐渐延长，日照时间减少。另外，此时属于深秋季节，草木枯槁，寒风萧瑟，这种节气容易导致人们感到情绪低落，有些人甚至出现季节性抑郁。中医学认为，发怒、脾气暴躁、情绪焦虑时会引起大动肝火的情况，对该节气提倡的“养阴”不利。此时，我们需要学会潜藏情志，适当放松情绪，当出现紧张、激动、抑郁时，要及时调整过来。

节气小药膳

寒露之后天气转凉，很多人在饮食上喜温喜热，希望借此抵御天气转冷，此时容易出现内热上火的情况，对养阴非常不利。深秋季节寒冷而干燥，应该以保养阴精为主，正如《黄帝内经》所说：“春夏养阳，秋冬养阴。”因此，饮食上，要适当多吃一些滋阴润燥的食物。

自古秋为金秋也，肺在五行中属金，故肺气与金秋之气相应，“金秋之时，燥气当令”，此时燥邪之气易侵犯人体而耗伤肺之阴精，如果调养不当，人体会出现咽干、鼻燥、皮肤干燥等一系列的秋燥症状。所以暮秋时节的饮食调养应以滋阴润燥（肺）为宜。古人云：“秋之燥，宜食麻以润燥。”寒露时节，可多食用芝麻、糯米、粳米、蜂蜜、乳制品等柔润食物，同时增加鸡、鸭、牛肉、猪肝、鱼、虾、大枣、山药等以增强体质；少食辛辣如辣椒、生姜、葱、蒜之品，因过食辛辣易伤人体阴精。大家也可以经常煮一点百枣莲子银杏粥喝，经常吃些山药和马蹄也是不错的养生办法。

牛奶蜂蜜芝麻饮

功效：养阴生精，润肠通便。

食材：牛乳 250 毫升，蜂蜜 30 克，黑芝麻 15 克。

做法：先将黑芝麻炒香，研末备用；牛乳、蜂蜜混匀，煮至微沸后加入黑芝麻，每日晨起空腹饮用。

莲藕排骨汤

功效：清心，润燥，通便。

食材：猪排骨（烫沸水后洗净）500 克，莲藕（削皮切块）750 克，盐、姜片适量。

做法：将处理好的猪排骨与莲藕放入砂锅中，加入没过食材的清水、适量姜片；大火煮开后转小火继续煮 1.5 小时；加入适量盐调味后关火。

节气小谚语

寒露过三朝，过水要寻桥

这句话指的是天气变凉了，可不能像以前那样赤脚蹚水过河或下田了。也就是说，寒露之后，人们可以明显感觉到季节的变化，温差开始明显变大，早晚凉意较浓，需要适当添衣了。很多的地区也开始用“寒”字来表达自己对天气的感受。

那么，为什么寒露之后不能再赤脚蹚水或下田呢？原来寒露节气几乎贯穿整个十月份，这个时候太阳的直射点已经偏移到南半球。北半球的阳光照射明显减弱，地面吸收的热量大大减少，冷空气不断增强，秋天的气息已经非常浓郁地充斥在祖国的山河大地之上了。古代“露”也表示天气转凉的意思，大部分地区在寒露时节的气温已经达到冰点上下，几乎要凝成冰霜了，因此这时候的气温已经不适合赤脚蹚水或下田了。尤其是北方，从凉爽到寒冷的过程更加短暂而迅速。

白露身不露，寒露脚不露

寒露也是二十四节气中第一个谈到“寒”的节气，天气此时已经从凉转冷，入夜时更是寒气逼人，“寒露脚不露”也在告诫人们要多注意足部的保暖，应穿上保暖性能较好的鞋袜，切勿赤脚，以防“寒从足生”。寒露过后除了要穿保暖性能好的鞋袜外，还要养成睡前用热水洗脚的习惯。热水泡脚不仅有助于驱散风寒，还能改善局部循环，减少下肢酸痛的发生，缓和或消除一天的疲劳。

节气小穴位

寒露是深秋的节令，此时天地之间阴盛而阳衰，天气渐现燥金的肃杀本象，天寒而清，露寒而冷。人身“阳气”也开始逐渐收敛，以适应自然界的变化和维持体内外环境的平衡。

每天可在睡前用温水泡脚 20 ~ 30 分钟，不仅可以舒筋活血、温暖全身，还可以缓解一天的疲劳。在泡脚的同时，可以按摩脚上的三个穴位，即太白穴、太冲穴、太溪穴，它们是脾、肝、肾这三条经络的原穴，也是寒露节气养生的重要穴位。

太白穴——补脾健胃的穴位，属脾经，为健脾要穴，能治脾虚，位于足内侧缘，第一跖骨小头后下方凹陷处。脾经为少气多血之经，气不足、血有余，我们常说的“黄脸婆”或小儿脸色萎黄就是脾虚的变现，而“太白”能较好地充补脾经经气的不足，为脾经经气的供养之源，并有双向调节作用，如腹泻时按揉此穴可止泻，便秘时按揉可通便等。补脾土亦可益肺，所以经常按揉太白穴可以改善因脾胃功能下降导致的消化不良、腹胀、腹泻、久咳等症状。

太冲穴——专管发脾气的穴位，属肝经，沿足背大足趾与第二足趾之间向上推，感到一凹陷处，即为此穴。揉太冲穴可降肝火、平怒气。所以肝火大、情绪大、爱发脾气的人最适合按揉这个穴位，每侧按揉 5 分钟左右。用力以微痛为宜，循序渐进去按，如果经常发脾气，不妨试试每天都按一按。

太溪穴——补肾的穴位，属肾经，位于足内侧，内踝后方与脚跟骨筋腱之间的凹陷处。“溪”，即水流的意思，“太溪”指肾经水液在此形成较大的溪水，所以这个穴就被称作太溪。太溪穴是肾经的原穴，肾有藏精主生殖的功能，每次点按或温灸 5 ~ 10 分钟有滋肾阴、补肾气的功效，手脚容易冰冷或经常掉头发的伙伴们可以多按揉哦！

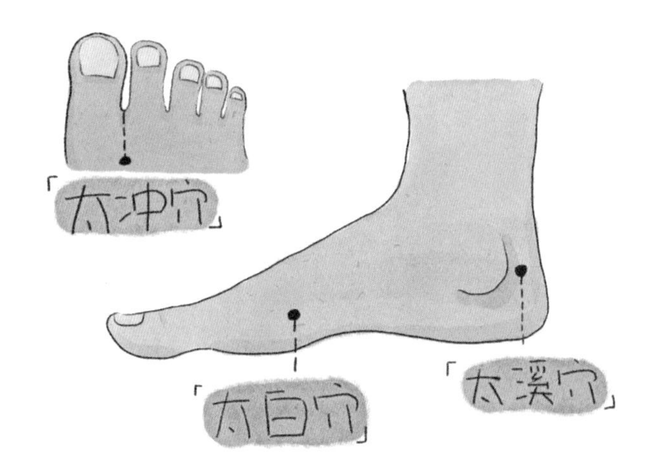

运动养生

寒露时节气温下降明显，人体免疫力也会下降，此时可进行适量运动强身保健。但要注意运动应循序渐进，量力而行，逐步增强心肺功能增加机体耐寒能力。

寒露时节，健身运动以放松身心为适宜，爬山、慢跑、骑行、球类运动等都会带来非常好的锻炼效果。但每个人都需要根据自己的年龄和身体情况来选择适合的锻炼方式。

①青少年正处于身体生长发育的高峰时期，锻炼主要以提高身体机能为目标。气温适宜，青少年可多选择跑步、打羽毛球等球类运动，有益于增强体质，提高身体的协调性、灵敏度。

②中年人的免疫力和抵抗力变弱，爬山等加强心肺功能的运动是不错的选择。秋季爬山，气温变化较大，能使人的体温调节机制处于紧张状态，从而提高对环境变化的适应能力。爬山时还可以登高望远，呼吸新鲜空气，享受温暖阳光。

③老年人秋季适量锻炼可以强身健体。坚持每天走路可以改善新陈代谢，增强人的抵抗力。太极拳、八段锦等较为平缓的运动，可锻炼全身肌肉力量及身体的柔韧性，促进人体血液循环。

同时，也要记得规律的作息习惯有利养阴，因为睡眠不足容易损耗阴血。因此，睡好觉、避免熬夜要常记心头。寒露时节的起居原则是早起早睡，早起能顺应阳气舒张，早睡有利阴精收藏。

寒露（打一常言俗语）。

【谜底：冷不防】

霜降

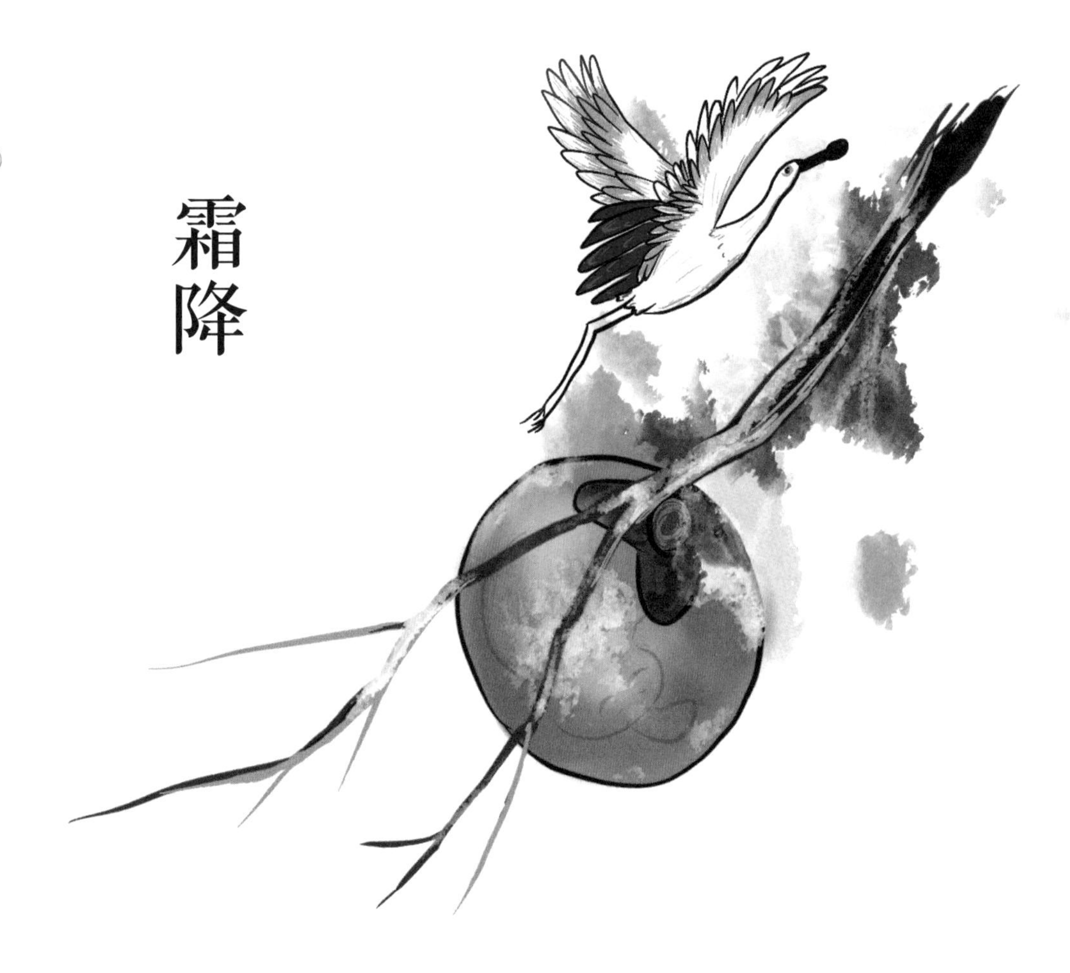

霜降，于每年公历的 10 月 23 ~ 24 日交节，是二十四节气中的第十八个节气，也是秋季的最后一个节气。进入霜降节气后，树叶枯黄，纷纷落在地上，到处都是一派明显的深秋景象，此时冷空气南下也越来越频繁，温度下降也越来越明显。霜降并不意味着"降霜"，"霜"这一字，容易让人联想到气候寒冷，此时气温骤降、昼夜温差大，秋燥明显。就全国平均而言，"霜降"是一年之中昼夜温差最大的时节。

节气小故事

明代的开国皇帝朱元璋，小的时候家中十分贫困，经常吃了上顿没下顿，没有办法，只好拿起讨饭碗、扯起打狗棍四处讨饭。有一年霜降时节，已经两天没饭吃的朱元璋饿得两眼发黑，四肢无力。当他跌跌撞撞走到一个小村庄时，顿时眼前一亮，发现村边的一处烂瓦堆里长着一棵柿子树，上面结满了红彤彤的柿子。朱元璋一见，兴奋极了，心里想着老天爷饿不死瞎家雀儿。于是，使出浑身力气爬到树上，吃了一顿柿子大餐，这才得以从阎王爷那里捡回了一条小命，而且一整个冬天没有流鼻涕，也没有裂嘴唇。

后来，朱元璋当了皇帝，有一年霜降时节领兵再次路过那个小村庄，发现那棵柿子树还在，上面依然挂满了红彤彤的柿子。面对此情此景，朱元璋思绪万千，正是这棵柿子树才使自己免于成为饿殍（è piǎo）[①]。他仰望着这棵平平常常的柿子树，缓缓脱下

① 饿殍：指饿死的人。

自己的红色战袍，又亲自爬了上去，郑重其事地把战袍披在柿子树上，并封它为“凌霜侯”，这才依依不舍地离去。这个故事在民间流传开来后，霜降日吃柿子，也成为霜降节气最主要的民俗活动。

同时，民间有句俗语说“一年补通通，不如补霜降”。霜降前后，柿子越来越红，人们也会在霜降节气那天吃柿子。柿子具有清热、润肺、生津、解毒的功效，富含维生素C，可以增强机体免疫力，对于一些人来说是非常不错的霜降养生食品。也有一些地方对于这个习俗的解释是：霜降这天要吃柿子，不然整个冬天嘴唇都会裂开。当然，柿子虽然十分美味，但一定注意不要空腹吃哦！吃的时候也要适量，未熟的柿子不要吃。另外，患有糖尿病、慢性胃炎、排空延缓、消化不良等胃功能低下的人也不宜食用柿子。

节气小药膳

防秋燥、防秋郁、防寒是霜降期间的健康防护重点。秋燥表现为口干、唇干、咽干、便秘、皮肤干燥等，因此应多吃芝麻、蜂蜜、银耳、青菜、苹果、香蕉等滋阴润燥食物。晚秋时节的肃杀景象容易引人忧思，使人意志消沉、抑郁，应多吃高蛋白食物，如牛奶、鸡蛋、羊肉和豆类等。霜降之时，在五行中属土，根据中医养生学的观点，在四季五补（春要升补、夏要清补、长夏要淡补、秋要平补、冬要温补）的相互关系上，此时与长夏同属土，所以应以淡补为原则，并且要补血气以养胃。而霜降作为秋季的最后一个节气，此时天气渐凉，秋燥明显，燥易伤津，可以适当平补，注意健脾养胃、调补肝肾，可多吃健脾养阴润燥的食物，如萝卜、栗子、秋梨、百合、蜂蜜、怀山药、奶白菜、牛肉、鸡肉、泥鳅等。

芝麻桃仁粥

功效：补肝益肾，润肠通便。

食材：黑芝麻 6 克，桃仁 6 克，冰糖 20 克，大米 100 克。

做法：将黑芝麻放入砂锅内，用文火炒香；桃仁洗净，去杂质；大米淘净；冰糖打碎成屑。将大米放入锅内，加入适量清水，置武火上烧沸，再用文火煮至八成熟时，放入黑芝麻、桃仁、冰糖屑搅匀，继续煮至粥熟即成。

枸杞蛋丁

功效：健脾益气，补肝养阴。

食材：鸡蛋3个，猪肉30克，枸杞子30克，麦冬10克，花生30克，湿淀粉、盐、味精适量。

做法：将鸡蛋蒸熟，去壳切丁；猪肉洗净切片；枸杞子洗净，花生炒香；麦冬炒熟，研末备用。将锅置武火上，加入花生油把猪肉炒熟，再加入蛋丁、枸杞子、麦冬末，炒匀，放盐少许并用湿淀粉勾芡，最后加入味精适量，将炒花生铺在上面即可。

运动养生

霜降节气时在农历九月，此时天气比较寒冷，人们的情绪也会随之低落，为避免秋季肃杀之气对人体的影响，可做些伸展和缓的运动以舒展身心。此时可选择一些导引术，如《遵生八笺》提倡的“九月中坐功”，方法为：清晨平坐，伸展双手攀住双足，随着脚部的动作用力，将双腿伸出去再收回来，如此反复5～7次，然后叩动上下颌牙齿36次，缓慢吸气并吐出，调节气息，将津液咽下，想象津液下行至丹田，反复9次。此法具有和调五脏、行气利水之效，可用于风湿痹痛、水肿、腹痛等疾病不适。

同时，深秋气候凉爽，昼短夜长，我们应该早点睡觉，以顺应阴精的收藏；同时又要早些起床，以顺应阳气的舒长。大家也可以根据自身健康状况，选择合适的运动，例如慢跑、打球等这种强度不大的体育活动，都能够帮助人们消除烦闷，不失为调养精神的良药。

节气小穴位

霜降时节，气温可能突然下降，昼夜的温差会拉大到 10℃以上，而人体的皮肤和呼吸系统并不能很好地适应这样的变化，容易诱发疾病。此时可以用艾灸来扶助阳气，提高机体免疫力，起到防病保健的作用。

足三里穴：一般以温补脾胃为主，兼温肾阳、助肺气。点燃艾条，先后在两侧足三里灸，保持与皮肤的距离不超过 2 厘米，但又不会烫，每次灸 15 ~ 20 分钟，以局部潮红、温热为度，可以增强体质、预防脾胃虚寒性疾病的发作。

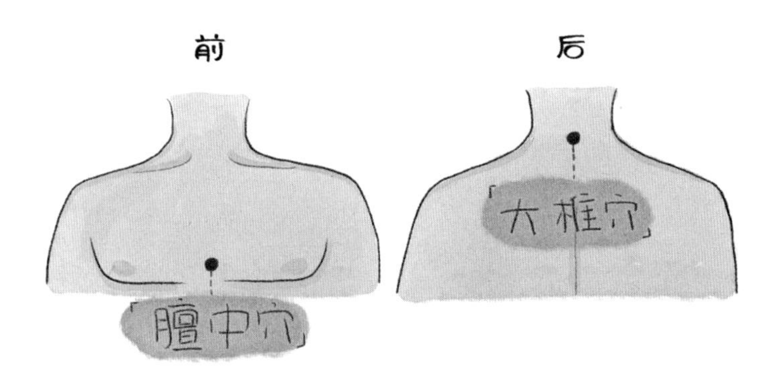

大椎穴、膻中穴：一般是疏通经气、温肺。操作时，选取脖子后面的大椎、胸口的膻中作为施灸的部位。用艾条先灸大椎，后灸膻中，方法同上。此法在睡前进行比较好，时间可稍长，灸上 10～15 分钟后，能暖和身体、帮助睡眠，改善颈部僵紧、疼痛、宣通肺气。

涌泉穴：一般灸两脚底涌泉穴。晚上热水洗完脚后，擦干，点燃艾条，悬在两脚心前 1/3 涌泉穴处，来回移动艾条，使脚心有热感但不觉得烫，每只脚灸 3～4 分钟。

趣味谜语

相逢在雨下（打一节气名）。

【谜底：霜降】

冬季篇

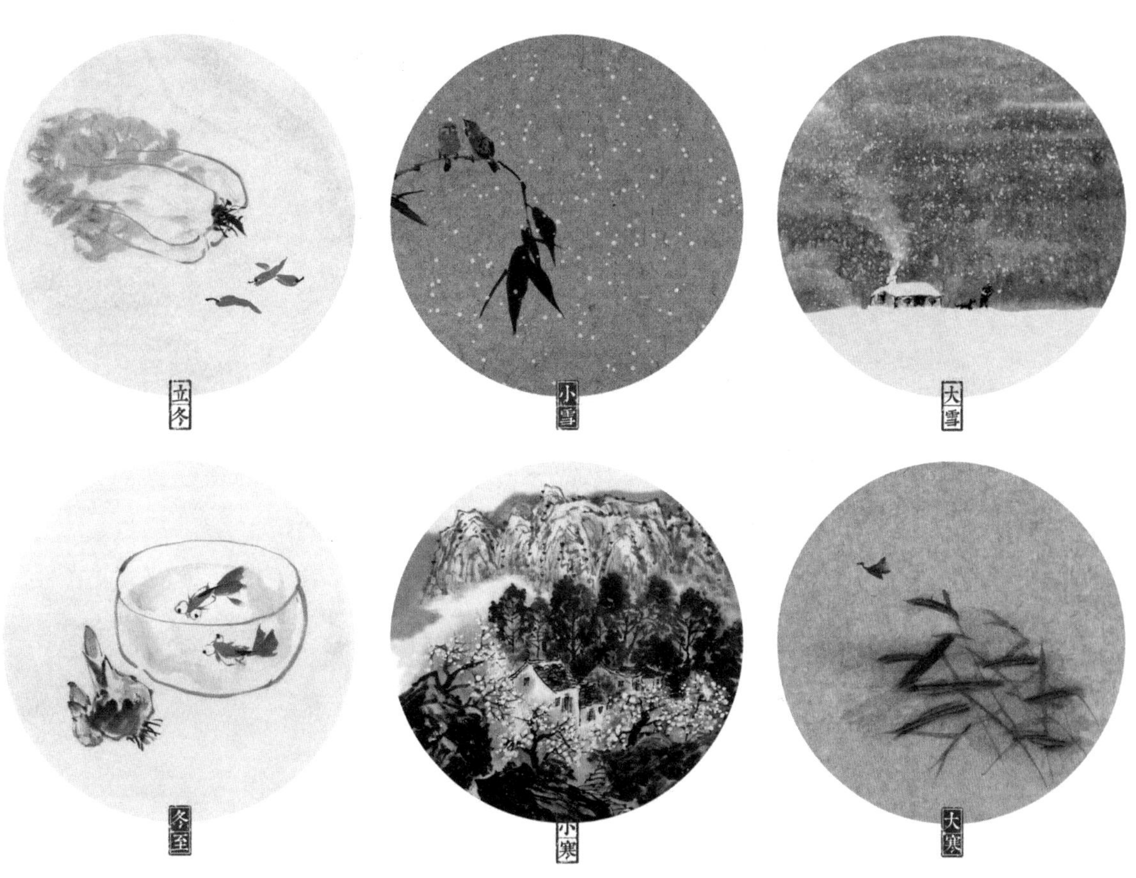

林帝浣　绘

立冬

立冬，又叫“十月朔（shuò）”“秦岁首”“寒衣节”“丰收节”等，于每年公历11月7～8日交节，是干支历亥月的起始，是二十四节气中的第十九个节气，也是冬季的开始。立，有开始的意思；冬，四季之末，万物收藏，意味着四季走到了最后一个季节。落叶黄，寒风狂，立冬时节又登场；花带露，月如霜，一天更比一天凉。从此将进入白雪皑（ái）皑的冬季，在一片银装素裹中开启新的篇章。

迎冬

立冬节气和立春、立夏、立秋合称“四立”，在古代社会中是个重要的节日，人们会举行收获祭祀和丰年宴会来进行庆贺。在封建社会，皇帝会在这一天亲率文武百官设坛祭祀。

从周代开始，在立冬日，天子会亲自率大臣们到北郊“迎冬”，并设坛举行祭祀仪式。回来后，还要奖赏和安抚为国家出过力的军烈属家庭，抚恤孤寡老人。

到了汉代，汉文帝在立冬日，要赏赐文武百官锦制的小袄。此外，还有立冬拜望老师的习俗，东汉崔定《四民月令》云“冬至之日进酒肴，贺谒（yè）君师耆（qí）老，一如正日”，也就是学生和家长提着礼品、点心去慰问老师。有的老师家，每逢立冬，就会像过大节一样，要设宴招待前来拜望的学生。老师一般要在厅堂里，挂上孔子的画像，学生在孔子像前行跪拜礼，嘴里念念有词:“孔子，孔子，大哉孔子！孔子以前未有孔子，孔子以后孰如孔子！”随后向老师请安，仪式结束以后，学生还要帮着老师干些家务活。

魏文帝时期，要求官员们无论贵贱，在此时都要戴一种老百姓戴的大帽子，专门起名叫作温帽，表示冬天要来了，必须注意御寒。

在立冬这一天，上到天子大臣设坛祭祀，下到平民百姓拜望老师、戴温帽，由此可以看出古时的人们对于立冬是相当重视的。从中医的角度来说，立冬这一天也是相当独特的。立冬标志着冬季到来，天气渐寒，白天的时间越来越短，夜晚的时间越来越长，且正午太阳高度也持续降低。蛰（zhé）虫伏藏，万物闭藏，人的阳气也随之沉潜含藏，代谢缓慢。我们都能体会到冬天是一年中阴寒之气最盛之季，而寒邪又最易伤人阳气，一旦人体正气不足，就容易产生各种疾病。因此我们尤其应当注意防寒保暖，避免阳气外泄。有的寒邪甚至会一直潜藏在我们的机体内，待到来年春天气温升高的时候才发病，即中医里的“春温”，所以冬天千万注意保暖喔！

立冬到了，就意味着冬季开始了。每到冬季，很多动物会躲起来冬眠，植物的嫩芽也会在土壤里，保存生命力，来年开春才能生机勃勃。根据中医的整体观念，人作为自然界的一部分，也要顺应这种规律，我们身体里的阳气，到了冬天也会封藏起来，养精蓄锐，等待冬至之后开始生发。

立冬正值秋冬季节交替之时，气温骤降，温差较大，北方地区已开始降雪，一不小心就容易感染风寒。寒邪伤人，浅及腠（còu）理皮筋肉，深及骨脉、五脏六腑，引起诸多不适。如寒袭皮肤可生冻疮，在肌肉可生痹痛，在筋骨可出现腰膝酸软、关节不适，寒凝血脉又可导致手足不温，局部气血瘀堵而出现刺痛。

为避免风寒除了加强锻炼，及时增加衣物、被褥外，我们还可以按摩风池穴，激发身体内的免疫功能，预防风寒发生或减轻症状。风池穴位于颈后枕骨的下缘，距离耳朵后部约两个手指宽的一凹陷处。我们可以将两手拇指或中指食指指腹分别按在左右两侧的风池，进行适当力度按揉，以局部有酸胀感为宜，每次按摩 3 ~ 5 分钟，能起到疏风散寒的作用。

立冬时节，阳气衰微，养生的关键是防寒保暖，藏精潜阳。饮食上多吃温性食物，适度进补；起居调养建议早睡晚起，调摄情志。注意避寒就温、歙（xī，吸收）阳护阴，使阴阳平衡，同时把身体的能量、阳气收好藏好，来年更加健健康康！

为什么会有“冬吃萝卜夏吃姜”的说法？

相信许多朋友都听过“冬吃萝卜夏吃姜，不用先生开药方”这句谚语吧？根据这句话的字面意思去分析，我们很容易理解为是冬天要多吃萝卜，夏天要多吃姜。但其实这句谚语是运用了一个古代常用的修辞手法——互文，在这里冬夏泛指一年四季，所以正确理解应为四季常吃萝卜和姜，不用医生开药方。

中医有“春夏养阳，秋冬养阴”的说法。春夏季节，阳气顺应天气，发于表，此时体内是一派寒凉之象，容易出现腹泻、腹痛等症状。例如在夏天的时候人们都喜欢吃凉的、吹空调，过食寒凉和吹空调过久就会导致脾胃损伤，而损伤阳气，则会出现乏力腹泻、腹痛等症状。所以要养阳，而生姜性味辛温，有温中散寒的作用，可以起到补充体内阳气不足的作用。秋冬季节，阳气收敛于体内，容易燥热伤阴，所以要养阴。萝卜甘寒，可以起到养阴润肺的作用。这条谚语重点提醒人们在炎热的夏季吃姜，寒冷的冬季吃萝卜，是与中医医理极为合拍的养生经验。同样的，我们也可以在春夏季多吃菠菜、韭菜、红枣、桂圆、山药养阳，秋冬季多吃莲藕、甘蔗、柿子、梨、荸荠养阴哦！

节气小药膳

立冬之后，人体的新陈代谢逐渐减慢。“冬季进补，开春打虎”，冬令进补能使通过饮食摄入的营养物质、能量更好地储存于体内，食补是最好的选择。对于体质虚弱的人群来说，也可以通过药补的方式，达到扶正固本、增强抵抗力的效果。

著名医学大家孙思邈在《备急千金要方·食治》中说道：“食能排邪而安脏腑，悦神爽志，以资血气。”在我国，立冬与小雪的冬令进补已成习俗。这是因为冬天气温低，人体代谢相应下降，精气物质封藏，服用补药补品，有利于吸收储存，对身体健康最为有利。立冬起，阳气潜藏，寒邪当令，养生应以敛阴护阳为根本。然而，每个人体质不同、年龄各异，食补药膳有宜忌。阳虚体质宜多食羊肉、鸡肉等性质偏于温热的食物；气虚体质可以在常规的煲汤、炖菜等过程中加入少量黄芪、人参等补气之品；血虚之人当养血为要，多食动物肝脏、鸡鸭鱼肉等高蛋白食品；阴虚者宜多食滋润之品，如莲藕、阿胶、银耳、燕窝等；脾胃素虚之人，需先调理好脾胃功能，再服补药补品，可增加滋补效力，不然会发生“虚不受补”的情况。

黄精鸽子汤

功效：补肾健脾，益气养血。

食材：黄精 8 克，红枣 12 克，枸杞 8 克，陈皮 2 克，鸽子 1 只，猪瘦肉 100 克，盐适量。

做法：

①鸽子斩块后清洗干净备用。

②猪瘦肉切块焯水备用。

③把处理好的鸽子、猪瘦肉与以上药材一起放入炖盅，然后加入适量清水，盖盖儿用文火炖煮 3 小时，最后加少量盐调味即可。

板栗烧鸡块

功效：健脾养胃，强筋补肾。

食材：鸡 1 只，板栗肉 50 克，白豆蔻数枚，枸杞子 20 克，葱白 2 克，姜片 2 克，淀粉 3 克，胡椒粉 2 克，绍酒 5 克，酱油 5 克，油 6 克，盐少许。

做法：

①将干净的鸡剔除粗骨，剁成长、宽约 3 厘米的方块。板栗肉洗净滤干。

②葱白切成斜段、姜切片备用。

③油倒入锅中烧六成热时，将板栗肉炸至上色，捞出备用。

④锅中底油烧热后下葱段、姜片煸香，倒入鸡块炒干水气，烹绍酒，加入清水、盐、酱油，小火煨至八成熟后，再放入枸杞子、白豆蔻、炸过的板栗肉，煨至鸡块软烂，调入胡椒粉炒炒匀，加入淀粉勾芡即可。

节气与艾灸

“节气灸”指在特定的时令节气进行艾灸以温壮元阳、激发经络之气、调动与开发机体潜能、健身防病的传统方法。“节气灸”以其简、便、验的优势，为我国历代医家及百姓沿用，至今在防病保健领域占有特殊的地位。

艾灸为什么要讲究节气呢?

在中医观念里，人体也有春夏秋冬的变化。早在春秋战国时期的《黄帝内经》中就指出，人体脏腑、气血随着节气变化，会出现周期性盛衰，如春温、夏热、长夏湿、秋凉、冬寒。一年中节气更迭，人体阳气中有升、浮、沉、降节律，脉搏有春浮、夏洪、秋弦、冬沉，人体形成了春生、夏长、秋收、冬藏的规律。人体脏腑功能活动与自然界四时阴阳消长节律统一起来，形成五时应五脏，阴阳消长同步的有机整体。

中医理论认为：人体是一个复杂的开放系统，对外界的影响不仅有被动的适应能力，也有主动的调节能力。人体的这种适应与调节能力称之为“正气”，它是决定疾病是否发生的内在因素，所谓“正气存内，邪不可干”“邪之所凑，其气必虚”。

因此，如果想避免人体遭受各种致病因素的侵害，就必须增强机体“正气”。

假若能在阴阳之气剧烈变动的时刻，应用某种简便的方法扶助正气，激发机体的潜在的顺应能力或应变能力，则有助于防病保健。“节气灸”正是体现中医的这种“因时制宜”加强机体整体机能的有效方法。

“节气灸”施用的目的是培壮元阳以扶助正气，从而提高机体整体调节能力。当机体的元阳充盛，机体的整体调节能力就会提高，依“节令”变化而显露的疾病端倪就会被消灭于萌芽之中。因此，节气艾灸可以起到防患于未然的效果。例如较为人们所知的二分二至灸、三伏灸、三九灸。

中医学认为二十四节气对人体脏腑功能有不同影响，节气不同，对应治疗和预防的疾病也不同，故选择相应腧穴辨证艾灸，可达到防病、治病的目的。如春季与肝相对应，如出现情志抑郁、指甲干、腰酸痛、腿抽筋或脾气急躁、头晕目赤等症者应调护肝脏，可灸太冲穴。重病、慢性病患者可实行化脓灸，疗效更佳，但会遗留疤痕，操作难度大，须通过医生施行。

趣味谜语

立冬时节无寒冰（打一诗词句）。

【谜底：犹未雪】

小雪

小雪，为二十四节气中的第二十个节气，于每年公历11月22～23日交节。小雪是反映降水与气温的节气，它是寒潮和强冷空气活动频数较高的节气。“雪”为冬季气候变寒之后的产物，“小”则是因为这时候天气未降至最低点，降水也未达最高值，反映的是整个小雪节气的气候特征，而非天气预报中所述降雪较小，二者须相鉴别。古籍《群芳谱》曰：“小雪气寒而将雪矣，地寒未甚而雪未大也。”故称此节气为小雪。

节气小故事

小雪到，吃糍（cí）粑（bā）

“小雪到，吃糍粑”，是我国江南水乡的一种传统习俗。每年的这个时候，大人和孩子们都会唠叨着：“今天几号了，还有几天就要到小雪了，谁家的糯米碾好了，谁家的还在场上晒着呢。”这时候小孩子们都很兴奋，觉得就像过年似的。

相传，春秋战国时期，楚国人伍子胥（xū）为报父仇投奔吴国，想从吴国借兵讨伐楚国。来到吴国后，他帮助吴王阖闾（hé lǘ）坐稳了江山，成了吴国的有功之臣。不久，他率领吴兵攻破楚国都城郢（yǐng），掘楚王墓鞭尸以报仇雪恨。吴王命他修建了著名的阖闾大城，以防侵略。城建成后，吴王大喜，伍子胥却闷闷不乐。伍子胥对身边人说：“大王喜而忘忧，不会有好下场。我死后，如国家有难，百姓受饥，在相门城下掘地三尺，可找到充饥的食物。”

夫差继位后，伍子胥曾多次劝谏吴王夫差杀勾践，夫差非但不听，而后还听信谗言，令伍子胥自刎（wěn）身亡。不久，越国勾践举兵伐吴，把吴国都城团团围住。当时正值年关，天寒地冻，城内民众断食，饿殍遍野。危难之际，人们想起了伍子胥生前的嘱咐，暗中拆城墙挖地，发现城基都是用熟糯米压制成的砖石。原来，伍子胥建城时，将大批糯米蒸熟压成砖块放凉后，作为城墙的基石，储备下了备荒粮。后来，每到丰年，人们就用糯米制成城砖一样的糍粑，以此纪念伍子胥。

糍粑——糯米煮成饭，碾碎捣烂后做成的饼形状的食物，有着一定的补中益气的功效，若因中气不足出现容易疲劳、精神倦怠、四肢无力，适当吃一些糍粑可以提振精神、缓解疲劳。在我国南方有些地区还会做艾叶糍粑，艾叶味苦、辛，性温，有温经止血、散寒止痛的功效，食之能够清肝热、退热毒、防止上火。同时，艾叶因其有理血气、温经络、暖子宫、祛湿寒等作用，从古至今便是妇科的常备药，女士服用有行气活血的功效。食用艾草糯米糍粑有助于驱散体内虚寒、滋养脾胃、缓解痛经，有健脾养胃、散寒止痛的作用，故非常适宜脾胃虚寒、月经不调者。但由于糍粑是由黏性的糯米制作而成的，严重消化不良者不宜进食过多喔！

节气小穴位

冬季是养肾好时节。由于冬天气温寒冷，人们的活动变得越来越少，而与之相反，一些“喜冷”的疾病却开始“活跃”了起来，悄悄破坏人们的健康和生活。因此有很多人由于个人体质和生活习惯等原因，容易出现一些冬季常见疾病，如神经衰弱、脑动脉硬化、慢性肾炎、咽喉肿痛、痛风等。如果在寒冷的冬天，我们能够掌握一些穴位按摩的养生小技巧，则对身体大有裨（bì）益。

小雪前后最适合常按“太溪穴”。从名字不难看出，“太”，是大的意思，而“溪”就是溪水，顾名思义也就是说肾经水液在此形成较大的“溪水”。如果肾水充盈，精之充足，肾的“元阳”或者说“真水”才会发挥其作用，温润营养我们全身各个组织器官。每天坚持揉按刺激“太溪穴”，气血可上达于面，下行于足。揉按“太溪穴”最佳时间是在晚上 9 点，一次按 30 下，在按的时候我们可以采用正坐或平放足底的姿势。用手指按揉，按揉时一定要有酸痛的感觉。坚持每天按“太溪穴”，有助于防治因冬季气候所引起的常见病症！

小雪时节为什么要格外注重调畅我们的情志？

小雪节气的前后，由于夜间时间越来越长，白天时间越来越短，阳气潜藏，阴气渐盛，气温降低，天气时常阴冷晦暗，再加上树叶凋零、寒风瑟瑟，人们的心情很容易受到影响，引起心理上的一些感伤，尤其是一些老年人和慢性疾病患者，甚至会产生抑郁的情绪，易出现失眠、烦躁、悲观、厌食等症状。喜、怒、忧、思、悲、恐、惊，即中医的“七情”，若七情过激，我们的人体就容易出现气机的紊乱，进而导致多种疾病。所以在这个节气里，我们要格外注重调神养生，保持心情舒畅。

在古人眼中，小雪还是“天地积阴”的日子，自然界开始出现阴盛阳衰，万物蛰伏，生机潜藏。当然，这里面也包括我们人类。小雪节气将至，大家要牢记“一补一清一防”，遵循祖宗老传统，让全家人安稳过冬！

“一补”

我们都知道，冬季是进补的时节，但药补远远不如食补。当然，进补是为了增进体能，为即将到来的寒冬，提高我们身体的御寒能力。此时要注意多吃一些黑色的食物，比如补血益气的黑米；蛋白质和微量元素更丰富，有“豆中之王”美誉的黑豆；有“长生之食”美称的黑芝麻；冬季滋补佳品乌骨鸡；“食物中的阿司匹林”黑木耳；有“营养仓库”之称的黑枣。以上这些黑色的食物，都是非常不错的！

“一清”

这里的“一清”是指，冬天气候干燥，容易上火，这时要多吃一些清火的食物。去胃火可以多吃一些空心菜、菠菜；去肝火，可以多吃一些黄瓜、芹菜；去心火，可以多吃苦瓜、淡竹叶；去肺火，可以多吃鱼腥草；去肾火可以多吃，栗子、芝麻。

“一防”

相信大家也知道，这里的“防”便指的是“防寒保暖”，这只是其一。其二是注意情绪养生。小雪之后，由于日照时间短，天气转凉，大家一定要注意保暖，秋衣秋裤该安排上就安排上。“防寒保暖”还好说，其实情绪养生则更为重要。情绪不好，不管是心脏还是皮肤，乃至消化系统，都多多少少会受波及。吃得再多、再好，不如有个好心情。人生在世不可能事事都顺心，遇到挫折的时候要学会调节，努力用乐观的情绪去面对它，凡事都能解决。保持乐观，节喜制怒，同时，要多参加娱乐活动，多晒太阳。

小雪节气的饮食，对正常人来说，应当遵循“秋冬养阴”“无扰乎阳”的原则，既不宜生冷，也不宜燥热，以食用滋阴潜阳、热量较高的膳食为宜。总的来说，此时的饮食要因人制宜。具体地说，这个季节宜吃温补性食物和益肾食品。

枸杞桑椹粥

阴虚体质的人要尤其注意，不宜大量进食麻辣火锅、干锅、烧烤及煎炸类食品，否则容易以热助热，使人鼻干燥，并诱发口腔溃疡、痤（cuó）疮等。这里向大家推荐食用枸杞子桑椹粥。

功效：滋补肝肾，润燥生津。适宜阴虚体质进补。

食材：桑椹 30 克，枸杞子 10 克，粳米 100 克，红枣 5 枚，冰糖适量。

做法：将枸杞子、桑椹、红枣洗净备用。将粳米淘洗干净放入砂锅，并放入适量的水，大火熬制，待煮开后转小火，将洗好的枸杞子、桑椹、红枣入锅同煮，根据个人口味可加入适量的冰糖，小火熬制 30～45 分钟即可。

当归生姜羊肉汤

阳虚体质的人此时尤其畏寒怕冷、喜暖喜热、不爱饮水或只爱喝热水，还有的人会咳嗽流清涕、爱吃葱姜、不喜梨藕、舌淡苔白、喜安静独处、四肢不温、脉沉等症。此类人此时在饮食上，应适当增加肉食的摄入，以药膳等热食为佳，推荐食用出自张仲景《金匮要略》的当归生姜羊肉汤。

功效：温肝补血，散寒暖肾。适宜阳虚体质进补。

食材：当归 9 克，生姜 15 克，羊肉 500 克，盐、香葱、香菜适量。

做法：羊肉切成小块，当归洗净，生姜洗净切片；将羊肉、当归、生姜同时放入砂锅内，加入清水，爱喝汤者可多加些水，开锅后文火炖 1 个小时，捞出浮沫；最后加入盐调味，不会破坏汤的营养，喝汤时可加一些香葱、香菜增香。

生姜大枣牛肉汤

平和质的人，在小雪时节适合温补，可选用炖牛肉加红枣、红糖、花生仁，亦可煮一道生姜大枣牛肉汤来食用，不仅暖身温阳，还能调整脾胃功能。

功效：补气顺气，强身健骨，解郁开胃。适宜平和体质进补。

食材：牛肉 500 克，生姜 3 片，红枣 50 克，盐适量。

做法：牛肉切块，焯水去浮沫捞出；生姜、红枣洗净，生姜用刀背压碎，红枣去核。以上材料入锅，加净水适量，用中火煮沸后转用小火煲 1.5 小时，加盐调味食用。

小雪与膏方

小雪节气里，天气阴冷晦暗，光照较少，食疗进补宜吃温补食品。中医传统的膏方是其中进补的一项重要方式。

膏方，又叫膏剂或是膏滋，是我国惯用的一类膏状口服剂型。膏方属于中医“丸、散、膏、丹、酒、露、汤、锭”八种剂型之一，是千百年来中国传统的养生之法，具有扶正补虚、防病治病的滋养作用。《说文解字》有云：“膏，肥也。从肉、高声。”在中药制剂中，将中药加工制成像动物油脂一样细腻稠厚的半流体状物称为“膏剂”，它以滋补为主，兼有缓慢的治疗作用，且因含有蔗糖、蜂蜜而味美可口，故而让患者更能接受。冬令进补，以膏方为最佳。膏方历史悠久，长沙马王堆西汉古墓出土的《五十二病方》中就有膏方应用的记载。

从中医“治未病”的角度来说，膏方对于有偏颇体质的人具有很好的调理和预防保健作用。相对来说，更适合亚健康、慢性病患者（如过敏性疾病、呼吸系统疾病、胃肠道疾病、心脑血管疾病等）、需要调节体质等人群。

值得提醒的是，千万不要把膏方当作治疗急性病的有效药物。对于孕妇、哺乳期妇女、经期妇女、2 岁以下儿童，以及慢性病急性发作、新患感冒的患者，建议暂不服用膏方。膏方虽然是滋补和调节为主，但含有多种药材，所以一定要根据每个人不同的体质，有针对性地开出药方，切不可随意购买膏方服用，以免适得其反。

膏方虽服用方便，但其制作工序多达几十道，十分烦琐，其中不少工序要求非常严格。规范的膏方制作流程包括配料浸泡、煎煮、浓缩、收膏、灭菌、盛装与收藏七大步骤。非专业人员不一定能掌握这些，因此不建议大家自制膏方。下面为大家推荐小雪时节进补的常见膏方：

1. 古方润肺膏

适应证：喉痛音哑、口燥咽干、失音等。

药物组成：薄荷、甘草、五倍子、桔梗、川芎、连翘、柯子肉、砂仁。

2. 古方补气养血膏

适应证：神疲乏力，面色苍白，头昏目眩，气短，食欲减退，平时容易感冒，妇女月经延期、经量减少、颜色淡红，舌质淡，苔薄白，舌边有齿痕，脉细软无力等。

药物组成：党参、白术、山药、当归、川芎、熟地黄、黄芪。

3. 古方补血膏

适应证：贫血，月经过少，经来腹痛，四肢麻木，筋骨疼痛等。

药物组成：鸡血藤、益母草、丹参、当归、黄芪、女贞子、菟丝子。

趣味谜语

小雪无雨迎春到（打一字谜）。

【谜底：桪】

大雪

大雪，位于每年的12月6～8日交节，是干支历子月的起始。大雪与小雪一样，都是反映气温与降水变化趋势的节气，气温变寒，降水即变为降雪。元代吴澄在《月令七十二候集解》中说："大者，盛也。至此而雪盛矣。"大雪的到来标志着仲冬时节的正式开始，天气较以前更冷，降雪的次数和量也将增多，我国大部分地区的最低温度都降到了0℃以下。黄河流域已经渐有积雪，而在更北的地方，已经是大雪漫天！

款冬花

《本草纲目·第十六卷·草部》云："按《述征记》云：洛水至岁末凝厉时，款冬生于草冰之中，则颗冻之，名以此而得。后人讹（é）为款冬，乃款冻尔。款者至也，至冬而花也。"《本草衍义》中说："百草中，惟此不顾冰雪，最先春也，故世谓之钻冻，虽在冰雪之下，至时亦生芽。"

款冬花开像菊花，黄色鲜明，它属于菊科植物，是一种多年生草本植物。与众不同的是，款冬是在冬天的冰雪里萌发发芽，在早春时先生出几根花莛（tíng），生长到5～10厘米高，露出白茸毛和一些互生的鳞片状苞叶。有意思的是，款冬的花和叶分开生出来，不在一个枝条上，与众花不一样。款冬开花在岁末年初，值数九寒天之时，故有九九花的别名。寒冬入九之后，才能看到它的开放。

“僧房逢着款冬花，出寺吟行日已斜；十二街中春雪遍，马蹄今去入谁家。”这是唐代诗人张籍所写的《逢贾岛》，里面有个动人的故事。诗人张籍冬季不慎感受风寒，咳嗽数日，虽卧床休息，但终不见有好转，咳嗽越来越严重，身体逐渐虚弱。又逢大雪纷飞，妻子出门请医不便，张籍更是心事重重。有一天，他艰难起床，忽然见竹篱边，款冬花已开出了黄色花朵，沉吟片刻，想起往事，即兴写下此诗。原来是五年前，张籍趁春雪刚刚融化，来到一寺庙前休息，见一老僧正采集款冬花，前去相叙，闻其款冬花是咳嗽良药，僧人多采集帮别人治疗咳嗽，遂移栽款冬花于篱笆前。如今5年已过，款冬花已长满小院。于是让夫人前去采摘，煎汤服之，一周而愈，甚是欢喜。

看完了小故事，我们来一起了解一下款冬花吧！

款冬花

性味归经：味辛、微苦，性温，归肺经。

功效：润肺下气，止咳化痰。

主治：咳嗽气喘、肺虚久咳。用于多种咳嗽有痰之证。不论外感内伤、寒热虚实皆可使用。

用法用量：煎服，5～10克，外感暴咳生用，内伤久咳蜜炙用。

配伍运用：

①风寒咳嗽（喘）：多与紫菀（wǎn）配伍治疗风寒伤肺，久嗽不止，如《太平圣惠方》紫菀散。风寒咳喘痰多，常与射干、麻黄、半夏等同用，如《金匮要略》射干麻黄汤。

②肺热咳嗽：咳嗽痰稠色黄，常与知母、贝母、桑白皮等配用，如《圣济总录》款冬花汤。

③肺阴虚（燥）咳嗽：口干痰黏、不易咳、或痰中带血，可与百合同用，如《济生方》百花膏。

④肺气虚咳嗽：气短咳喘、咳声低弱，可与党参、黄芪、熟地黄、五味子等配伍，如《医方类聚》补肺丸。

⑤肺虚寒咳嗽：畏寒肢冷、遇冷空气咳嗽加重、久咳不已，可与紫菀、干姜、五味子等同用，如《备急千金方》款冬煎。

⑥肺痈（yōng）：胸满胸痛、咳吐浓痰，可与桔梗、薏苡仁、甘草配伍，如《疮疡经验全书》款冬花汤。

现代医学研究发现，款冬花含有芸香苷（gān）、槲（hú）皮素、金丝桃甙、款冬酮、千里碱、香芹酚等。款冬花水煎剂具有镇咳祛痰、升压、抑制胃肠平滑肌、解痉的作用和治疗胃肠绞痛的作用。

临床应用：治疗急性支气管炎、慢性支气管炎、肺炎、肺脓肿、慢性阻塞性肺疾病、支气管哮喘、慢性骨髓炎。

大雪养生宜三“暖”

大雪养生宜“重三暖，防三病”！大雪，是二十四节气中的第二十一个节气，更是冬季的第三个节气。大雪的到来，也就意味着天气会越来越冷，下雪的可能性增大。气温下降时，人体易受寒邪侵袭，小朋友们务必及时防寒，否则身体是会很容易生病的。那么，在大雪节气如何有效地防寒呢？

1. 暖头

头是“诸阳之会”。不戴帽子的人，环境气温为 15℃时，从头部散失的热量占人体总热量的 30%；若气温在 4℃，从头部散失的热量占 60%。

天气寒冷，会使血管收缩，人会出现头痛头晕的症状。对于脑血管病人来说，寒冷很容易诱发脑血管病。所以，头部保暖非常重要。

“暖头”养生口诀：头忌顶风吹，外出戴帽子。暖水来洗头，及时吹发干。眠时闭窗门，梳头活气血。

2. 暖足

“寒从脚下起”，脚离心脏远，血液供应偏少，皮下脂肪较薄，抵御寒冷能力较差，一旦受寒，会反射性地引起呼吸道黏膜毛细血管收缩，使其抵抗疾病能力下降，导致呼吸道感染。

“暖足”养生口诀：足部宜常暖，棉靴适时添。睡前来泡足，按摩涌泉舒。鞋袜勤换洗，健步走暖足。

3. 暖肺

中医学认为肺为娇脏，易受外邪。大雪隆冬时节，天气寒冷，雾霾频发，易引发各种呼吸系统疾病。

“暖肺”养生口诀：饮食宜甘温，多进蛋白质。脂肪维生素，糖类适量食。姜枣玉米粥，戒烟戒酒守。

冬属阴，以固护阴精为本，宜少泄津液。故冬季应“去寒就温”，预防寒冷侵袭是必要的。但不可暴暖，尤忌厚衣重裘，向火醉酒，烘烤腹背，暴暖大汗。

节气小药膳

俗话说“三九补一冬，来年无病痛”。大雪节气是进补的时节，此时进补以温补为原则，进补应适度，不可补之太过。要依据个人阴阳虚衰体质不同，合理进补。对于素体虚寒、阳气不足者可适当进食羊肉、牛肉、乌鸡、桂圆、红枣等有温补作用的食物，以补充身体的元气，增强御寒能力。

大雪节气前后，柑橘类水果大量上市，像南丰蜜橘、琯（guǎn）溪柚子、脐橙雪橙都是当季水果。适当吃一些当季水果可以防治鼻炎、消痰止咳。大雪时节北半球各地日短夜长，因而有农谚“大雪小雪、煮饭不息”等说法，用以形容白昼短到了农妇们几乎要连着做三顿饭的程度。大家在此时节可常喝姜枣汤抗寒，用薄荷油防治鼻炎、消痰止咳。

菟丝子粥

功效：补肾益精，养肝明目，健脾止泻。

食材：菟丝子 30 克，粳米 150 克，白糖适量。

做法：将菟丝子洗净并捣碎，放入砂锅中，加入适量清水，小火煎汤，去渣取汁，再加淘净的粳米煮粥。待粥快好时调入白糖，稍煮片刻，便可食用。

枸杞肉丝

功效：滋阴补血，滋肝补肾。

食材：枸杞子 20 克，猪瘦肉 100 克，青笋 20 克，淀粉、绍酒、砂糖、酱油、盐、味精、食用油、麻油。

做法：枸杞子洗净待用。猪瘦肉、青笋洗净切丝，拌入少量淀粉。炒锅烧热用食用油滑锅，将猪肉丝、笋丝同时下锅翻炒，烹入绍酒，加入砂糖、酱油、盐、味精搅匀，放入枸杞子翻炒至熟，淋上麻油即可起锅。

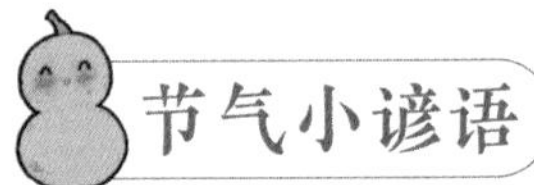

节气小谚语

瑞雪兆丰年

古有“瑞雪兆丰年”的美好愿景，人们认为雪与祥瑞和预兆有关。农谚曰：“大雪兆丰年，无雪要遭殃。”“大雪到来大雪飘，兆示来年年景好。今年麦盖三层被，来年枕着馒头睡。”这说明雪对农作物大有益处，积雪覆盖大地，不仅可以保暖保墒（shāng）[1]，还能防治病虫害，有助于冬小麦返青。

---

① 墒：这里指田地里土壤的温度。

虽然冬季的农事活动较少，但人们早就发现冬季的气候状况与第二年的收成有着极紧密的联系。“瑞雪兆丰年”，这时期的雪下得大一些好，雪量对于来年地表水分的积蓄起着关键作用。积雪覆盖使土壤的温度得以留存，为作物创造适宜的越冬环境；积雪融化，又增加了土壤水分。据研究表明，雪水含有大量的矿物质和微量元素，氮化物的含量是普通雨水的 5 倍，有肥田的作用。冬天厚厚的大雪，不仅有利于冬小麦的生长，雪融化后的水分渗入地下，还可以疏松土壤。并且，降雪时雪从大气中吸收了大量的游离氮、液态氮、二氧化碳、尘埃和杂菌，减少了大气污染。

《黄帝内经》云：“冬三月，此谓闭藏。水冰地坼（chè），无扰乎阳。”冬天主闭藏，生命体藏的越好，存储的阳气越多，消耗越少，来年也就越精力旺盛。雪帮助土地闭藏阳气，阳气泄不出来，来年这些阳气就能帮助庄稼春生夏长。那么如果雪不厚，阳气就很快泄出来了，泄出来了自然不能作用于来年的庄稼了。自然界许多动植物在冬天减少活动，有的甚至休眠，也是这个道理。

运动养生

冬季日短夜长，要注意早卧迟起，不要熬夜，不要过早起床晨练，要“必待日光”。对于患有心脑血管疾病的老人，外出时要注意保暖，尤其是喜欢晨练的人，一定要等到太阳出来后再活动，千万不要“披星戴月”的去晨练，因为日出前常常是一天中最寒冷的时候，应确保充足的睡眠，夜晚休息时间不应超过 22 点。睡眠缺乏，或者太晚入睡，会使人体免疫力下降。此时可适当延长睡眠时间，作息应逐渐调整为“早卧晚起”，待到太阳升起时起床最宜，可躲避寒邪、求取温暖，亦避免人体的阳气受到扰动。

中医节气导引认为，大雪节气进入仲冬，寒气更重而阳气进一步收敛，故以四肢锻炼为本节气导引重点。通过四肢大幅度动作和牵引，令气血布散至肢体末端，起到温煦全身、抵御冬寒的作用。锻炼的项目以散步、慢跑、太极拳、广播操为好，最好选择在中午较暖和时进行，场地宜选择在空气新鲜的地方，不宜做过分剧烈的活动。若运动过激，可导致大汗淋漓，汗泄太多，反易受凉，不但伤阴气，也易损阳气。冬季主闭藏而勿妄泄，运动切不可大汗淋漓，恐其风寒之邪乘虚而入，应以微汗为度。

肾主骨生髓，而寒易伤肾，故冬季易出现骨关节疾病，运动时应注意对骨关节的保护。这个季节，老年人摔伤以手腕、股骨等处骨折居多，从预防的角度看，老年人在雪天应减少户外活动。

趣味谜语

大雪纷飞（打一中药名）。

【谜底：天花粉】

冬至

冬至，在公历 12 月 21 ~ 23 日交节。冬至这一天，太阳直射点到达南回归线，是北半球一年中白天最短、黑夜最长的一天。过了冬至，白天就会一天天变长。冬至不仅是二十四节气之一，还是一个重要的传统节日，俗称“冬节”“长至节”“亚岁”等。古人对冬至的说法是“阴极之至，阳气始生，日南至，日短之至，日影长之至”，故曰“冬至”。

冬至到，捏冻耳

相传医圣张仲景曾经在长沙做官，当他告老还乡的时候，恰逢遇到大雪纷飞的冬天，寒风刺骨，很多人的耳朵都被冻烂了。张仲景非常难过，于是便让弟子在南阳关东搭起医棚，用羊肉、辣椒等祛寒的食材、药材放到锅里煮熟，然后再用面皮包成耳朵的形状放到锅里再次煮熟，便做成了一种叫作“祛寒娇耳汤”的食物。张仲景将娇耳分给老百姓吃，大家顿时感觉热气传布全身，不久之后，大家的耳朵就都好了。

后来人们为了纪念张仲景，便在每年的冬至这一天，模仿着做娇耳吃，后来人们就称它为“饺子”。

吃饺子御寒和中医知识也是息息相关的哟，饺子馅里的羊肉和辣椒可以激发人体内的阳气，阳气升发，人体就会觉得温暖，也就有了充足的能量去抵御寒邪的侵袭。

因此，小朋友们在冬天感到寒冷的时候，可以让爸爸妈妈给自己做碗热气腾腾的饺子吃哦！

节气小穴位

“至”者，极也，冬至是阴极之至，阳气始生的特殊节气，是阴阳更替的特殊日子。到了冬至，我们人体此刻处于什么状态呢？此时能不能通过一些小穴位来进行我们冬至时节的养生保健呢？

到了冬至节气，这一天是北半球一年中白天最短、黑夜最长的一天。中医学理论认为，阳气是生命的原动力，对人体的健康有重要意义，阳气不足百病生。所以在冬至阳气初生时，需要精心养护阳气，这是养生的重要环节。

就人体的五脏与季节五候关系而言，冬至与腰相对应，而腰为肾之府，小朋友们按摩腰部不仅可以疏通经脉、强壮腰骨，还能起到固精益肾、增强肾脏功能的作用。双手搓热后，紧按于腰眼处片刻，再向下重推至尾椎处，每天按摩 50 ~ 100 遍，边泡脚边按摩，效果更棒哦！除此之外，小朋友们还可以按摩关元穴（脐下 3 寸）、中脘穴（腹部正中线，脐上 4 寸）和足三里穴（犊鼻穴下 3 寸，距胫骨前缘一横指），按摩 10 ~ 15 分钟，皮肤微微泛红即可，能够起到温阳补气、温经散寒的作用。

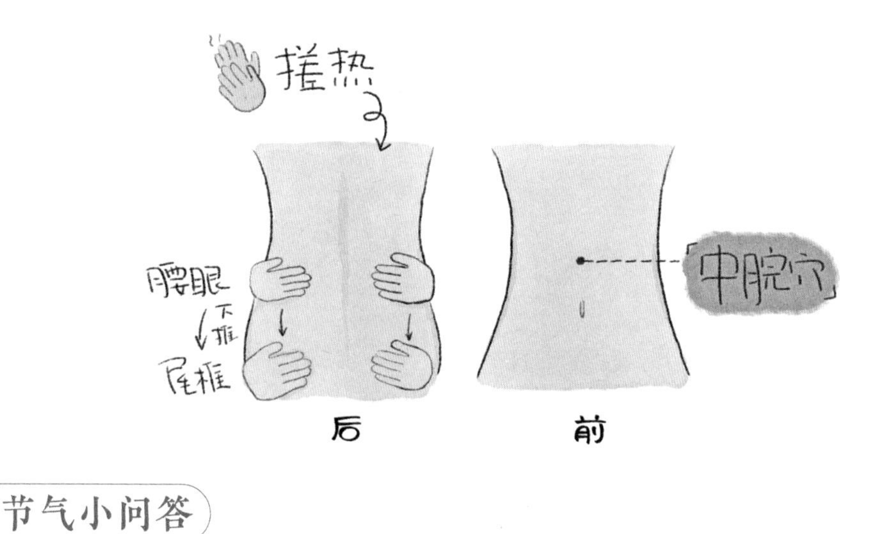

节气小问答

为什么冬至容易感冒?

为什么那么多小朋友一到了冬至就开始出现流鼻涕、咳嗽等感冒症状呢？那是因为到了冬至节气，这一天是北半球一年中白天最短、黑夜最长的一天。从冬至开始，夜晚变短，白天变长，而冬至则是阴气最重的一天。冬至阴阳开始转换，人体阳气也开始升发。中医讲究阴阳互根互用，冬至前后，阳气升发，气机转换，需要足够的收敛之力将阴阳平衡。而这依赖于人体的元气，气聚则生，气壮则康，气衰则弱，气散则亡。冬至时人体元气不足，甚或元气大伤则极易导致阴阳转换失衡，卫气卫外功能失常，加上冬至寒邪猖獗，气候变化较大，极易导致寒邪入侵机体，人体阳气尚弱，卫外功能不足，正邪相互争斗就会出现咳嗽流涕等外在的感冒表现。因此，小朋友们在冬季要时刻注意保暖，护卫自己的阳气，不要让寒邪伤害我们的身体。

节气小药膳

冬至前后，可以进行补养，应多进食温性、热性食物，特别是具有温补肾阳功效的食物，如羊肉、牛肉、鸽子肉、猪肚、核桃、腰果等。中医学认为，黑色入肾，黑色食物对肾精有很好的补益作用，如黑木耳、黑芝麻、黑豆、黑米等。为了更好地吸收进补食物，还需要健脾，如萝卜、山药、板栗、土豆、红薯等食物可以健运脾胃中焦。

羊肉炖萝卜

功效：益气补虚，温中暖下。

食材：白萝卜、红萝卜各200克，羊肉250克，生姜、料酒、盐、味精适量。

做法：将红萝卜、白萝卜去皮洗净切块，羊肉洗净切块，并于沸水中焯去血水备用。砂锅中放入清水，大火煮沸后放入羊肉、生姜、料酒，小火炖至六成熟，加入萝卜块，焖至羊肉烂熟，调入盐、味精即成。

五指毛桃煲鸡汤

功效：健脾化湿，补气助阳。

食材： 五指毛桃 50 克，茯苓 20 克，山药 20 克，鸡肉 250 克，生姜 2 片，大枣 6 枚。

做法： 将鸡肉焯水后放入砂锅，与洗净的五指毛桃、茯苓、山药、生姜、大枣一起炖煮，武火烧开后转文火炖煮 1.5 小时后食用。

复元粥

功效： 温补肾阳，健脾和胃。

食材： 山药 50 克，肉苁蓉 20 克，菟丝子 10 克，核桃仁 2 个，瘦羊肉 500 克，羊脊骨 1 具，粳米 100 克，葱白 3 根，生姜、花椒、大茴香、黄酒、胡椒粉、盐、味精各适量。

做法：将羊脊骨剁成数段，用清水洗净；瘦羊肉洗净入沸水锅中焯去血水，切成5厘米长的条块；把山药、肉苁蓉、菟丝子、核桃仁分别洗净，一起装入纱布袋内系好；生姜、葱白拍碎；把粳米淘净，连同羊脊骨、羊肉块、纱布袋、生姜、葱白一起放入砂锅内，注入适量清水，大火煮沸，撇去浮沫，再放入花椒、大茴香、黄酒，用小火炖至米烂粥稠为止。食用前可用胡椒粉、盐、味精调味。

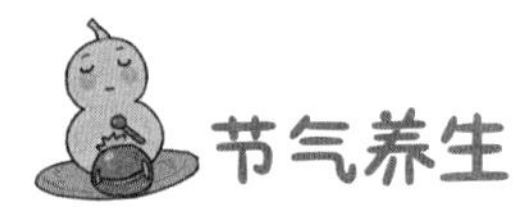

节气养生

冬至时节天气严寒，疾病多发，此时养生显得格外重要。冬至起居养生应早睡晚起，防寒保暖。冬季阳气潜伏，应早睡晚起，以养阳气。冬至天气寒冷，寒性凝滞，易损伤阳气，使全身经脉气血运行迟缓，因此冬至养生尤其要注意保暖，特别是头部和足部的保暖，注意增添衣物、戴帽子。寒从足起，想要祛除体内寒湿，中药泡脚再合适不过了，睡前用艾叶、桂枝、干姜等温热药物熬汤泡脚，可以起到温经祛寒的作用。

趣味谜语

雾中点点寒意到（打一节气名）。

【谜底：冬至】

小寒

小寒，为二十四节气中的倒数第二个节气，于每年公历的1月5～7日交节，是干支历丑月的起始。此时寒气堆积已久，但尚未寒冷到极点，它与大寒、小暑、大暑及处暑一样，都是表示气温冷暖变化的节气，此时特点较为明显，表现为极寒，但尚未达到极致，而冬季的小寒也正好与夏季的小暑相对应，故名小寒。小寒也在一定程度上也寓意一年接近了尾声，新年即将开始，我们也要开始着手准备过年的东西啦！

节气小故事

小寒脂，防冻伤

小寒时处二三九，天寒地冻冷到抖。在唐代的长安城，由于小寒时节往往和腊日相邻，天气寒冷时在社会上就盛行相互赠送礼物的习俗，以此来慰藉彼此，以抵御身体上遭受的严寒。唐代的帝王也有赐口脂、蜡脂，盛以碧镂牙筒[①]的传统习俗。唐中宗景龙三年腊日的时候，唐中宗在御苑中召近臣赐蜡脂，晚上自北门入内殿赐食，又加赐口脂。

杜甫有诗云："口脂面药随恩泽，翠管银罂下九霄。"王建《宫词》云："月冷天寒迎腊时，玉街金瓦雪漓（lí）漓。浴堂（殿名）门外抄名入，公主家人谢口脂。"因此口

① 碧镂牙筒：指用象牙雕刻而成的圆筒器皿。因其圆筒多以绿色浸染，所以被称为碧镂牙筒。

脂、面药是用来涂口唇、脸面以防止寒冬皮肤冻裂之物。即使到了现在，这些依旧是我们的冬天必备物品。

除了口脂蜡脂，中药中常见的生姜也可以预防冻疮，甚至治愈冻疮。生姜在中药中味辛，性微温，具有解表散寒之功效。将新鲜的姜片涂擦在常发生冻疮的地方，连续数天，可以有效预防冻疮的发生。对于已长成的冻疮，可将生姜汁加热搅成糊状，放凉后再涂至患处，连续三天即可见效。

小朋友们可能会问，单独的一味生姜便有这么神奇的疗效，那么如果配合多味祛寒的中药一起岂不是能够达到更好的效果吗？没错！我们在冬天都很喜欢泡脚，泡完脚后全身都变得暖乎乎的，但是对于阳虚体质的人来说，单纯的泡脚能够起到的效果非常有限，因此我们可以搭配中药进行足浴，刺激脚上的穴位，以达到升举阳气的效果。我们可以将艾叶、干姜、杜仲叶、桂枝、狗脊等中药煎煮 15 分钟后用来沐足 30 分钟，沐足时还可以不断地踩踏中药对脚底进行按摩，这样除了升举阳气还能起到助眠的作用哦。

为什么说“百病寒为先”？

随着小寒的到来，全国各地气温逐渐降至最低，寒风呼啸、冰雪骤降，而令人畏惧的寒邪也随之悄然而生。万恶淫为首，百病寒为先。在中医看来，寒邪是导致许多疾病发生发展的罪魁祸首!

寒邪致病具有寒冷、凝结、收引的特性。寒为阴邪，易伤阳气。阳气好比人体内的太阳，人体的一切活动都依赖于阳气的升发。阳气受损，阴寒积聚则会导致机体新陈代谢失衡，使得疾病缠身。

寒邪凝滞，寒邪侵袭机体，则易使气血津液凝结，经脉阻滞，不通则痛，则易形成与疼痛相关的痹病等一系列病证。正如《素问·痹论》曰:“痛者，寒气多也，有寒故痛也。”因此有“寒性凝滞而主痛”之说。

正是因为寒邪的多种特性，导致多种疾病的发生发展，才有百病寒为先的说法。因此小寒时节，应当注重保暖，蕴养人体的阳气，以此来抵御寒邪的入侵，防止疾病的发生。

节气小谚语

冬天戴棉帽，如同穿棉袄

这句谚语的意思是在寒冷的冬天戴上棉帽，就如同多穿了件厚厚的棉袄一样温暖。

入冬之后气温下降，我国南方大部分地区到了小寒节气气温降至最低，寒邪丛生，为了保护机体的阳气，此时衣物应当以保暖防寒为第一要务，特别是要注重头颈、背、手脚等易受凉部位的保暖。“冬天戴棉帽，如同穿棉袄”则是古代民间中医知识的运用，如果人们需要在冬天外出或进行室外运动，应做好御寒保暖工作，戴上帽子、手套口罩抵御寒邪侵袭机体。除此之外，每晚还可以坚持用温热水泡脚，进行按摩和刺激双脚穴位，这样不仅可以温肾补阳，还能促进机体的血液循环。

除了戴帽子等靠衣物御寒之外，此时按摩身体各部位不仅可以起到祛寒的效果，还能调节身体的各项机能。对于经常久坐的人来说，搓腹是项不错的选择。首先将双手来回搓热，其次两手重叠，绕着肚脐顺时针搓揉腹部十分钟，以此达到调理脾胃功能的效果，除此之外搓腹还可以预防便秘哦。除了搓腹，腰部不适的患者还可以选择搓腰，用掌心上下搓揉腰部，直达腰部发红发热，以此来缓解腰肌劳损，益肾固元。

节气小药膳

“小寒胜大寒”，进入小寒之后，饮食上要以温补为宜，选用温热的食物不仅可以增加人体的热量，抵御寒冷，针对虚寒疾病还有一定的治疗和补益效果。除此之外，还应当多吃时令水果以补充多种维生素，以及核桃、黑芝麻、桑椹、红枣、黑木耳等补肾温阳、补益气血之品。

党参桂圆羊肉汤

功效：补气升阳。

食材：羊肉 300 克，党参 15 克，红枣 10 枚，桂圆 15 克，生姜 1 块。

做法：羊肉洗净，切成大块，放入锅中，加入生姜、适量清水，大火煮沸去血沫，捞出羊肉，放入炖盅，加入上述药材，隔水炖 1～2 个小时。

女贞枸杞甲鱼汤

功效：滋阴养血。

食材：甲鱼 1 只（约 300 克），女贞子 15 克，枸杞子 15 克，生姜 2 片。

做法：甲鱼去头爪、内脏、甲壳，洗净，切成小方块；再将洗净的女贞子、枸杞子、姜片放入煲汤纱袋中；将所有食材放入瓦锅内，加水适量，武火烧开后改用文火炖熬至甲鱼肉熟透即成。

腊八粥

功效：调理脾胃，补中益气，补气养血。

食材：大米 30 克，小米 30 克，糯米 30 克，薏苡仁 30 克，赤小豆 30 克，绿豆 30

克，红芸豆 50 克，莲子 40 克，大枣 20 克，桂圆肉 30 克，花生仁 30 克，玉米糁 50 克。

做法：将薏苡仁、玉米糁（shēn）、赤小豆、绿豆、红芸豆、莲子、花生仁和大枣提前用清水浸泡；大米、小米和糯米清洗干净。各种原料混合，添加桂圆肉和适量清水，放入高压锅，大火煮至上汽，转小火慢压 20 分钟，关火自然排气即可。

 趣味谜语

料峭春风吹酒醒（提示：苏轼，定风波·莫听穿林打叶声，打一节气名）。

【谜底：小寒】

大寒

大寒，又名寒食节，每年公历 1 月 20 ~ 21 日交节，是二十四节气中的最后一个节气，此时处于三九、四九时段[①]，寒潮南下最为频繁，是一年当中最寒冷的时节。《授时通考·天时》引《三礼义宗》道："大寒为中者，上形于小寒，故谓之大……寒气之逆极，故谓大寒。"这里深刻解释了大寒节气之寒冷，此时万物蛰藏，生机潜伏，天寒地冻，但最为热闹的春节即将到来，各种辞旧迎新的风俗也即将拉开序幕。

大寒尾牙祭

据说，周代时有位家仆名叫张福德，因其主人远赴他处当官，思念幼女，由他伴随主人爱女千里寻父，途中遇到暴风雪，张福德为救其女免受冻死而牺牲了自己的生命。其主人感念其忠诚而建庙祭。周武王时张德福加赠封号"后土"，后来人人视其能造福乡里、福泽万民而尊称其为"福德正神"。

每月的初一、十五或者初二、十六，是祭拜土地神的日子，称为"做牙"。二月初二为最初的做牙，叫作"头牙"；腊月十六日的做牙是最后一个做牙，所以叫"尾牙"。

---

① 三九、四九时段：中国农历用"九九"来计算时令，冬至为"一九天"的第一天，往后每九天为一"九"，"三九"是指从冬至算起的第三个九天，"四九"则是三九过后的九天。过完"九九"八十一天，冬天便结束，进入春天，而一年中最冷的时期便是"三九天"。

尾牙是商家一年活动的“尾声”，也是普通百姓春节活动的“先声”。这一天，百姓家要烧土地公金以祭福德正神。除了近年来日益盛行的尾牙聚餐外，按传统习俗，全家人都围聚在一起“食尾牙”，主要的食物是润饼和刈包。

南方人对于“尾牙祭”比较重视，尤其是在福建广东一带，除了准备鸡、鸭、鱼肉之外，还要准备一些水果，比如柑橘和苹果等。在祭祀完成之后，人们会把各种美味端上桌，其中最受欢迎的便是白斩鸡，这是南方特有的美食，鸡肉嫩滑爽口，味道鲜美弹牙。不过这其中还有讲究，如果老板将白斩鸡的鸡头朝着伙计，那么便说明他明年便要另谋高就了，这也叫作“辞头路”。所以大部分老板会将鸡头冲着自己，让大家开开心心地吃个“尾牙饭”。

尾牙的到来也说明冬季进入了尾声，此时的大寒时节天气严寒，年年都有人因无法抵御寒邪侵袭而患病身亡，因此要避免德福正神当初的悲剧就应做好防护。冬季主藏，阳气收敛，大寒时节运动尤其要避免运动量过大、呼吸心跳急促等耗伤阳气的运动，要避免过量运动导致汗液大量流失，运动应尽量选择白天阳光充足的时候进行，以免寒气过重侵袭机体。除了慢跑、瑜伽、踢毽子等轻运动之外，还可以选择练习“中医导引术”中的经典功法——八段锦。八段锦运动适中，简单易学，还可以强身健体，将调精、调气、调神兼顾，极其适合大寒时节施展。

除此之外，大寒时节气温降至最低，很多鼻炎患者鼻塞、鼻痒、流涕等症状将加重，此时每天早起或外出时用冷水搓洗鼻翼（即迎香穴处），可以起到“以寒制寒”“寒极生热”的效果。用冷水洗鼻可以增强鼻黏膜的免疫力，防治鼻炎，改善鼻黏膜的血液循环，有助缓解鼻塞、打喷嚏等过敏性鼻炎症状。

大寒时节，是全国绝大多数地区最冷的节气。在日常饮食上可以遵循和“小寒”类似的调养原则。大寒过后便将迎来欣欣向荣、万物复苏生长的春季，因此大寒时节也可以适当进补，为来年人体的生长发育提供足够的能量储备。

远志枣仁粥

功效：滋阴养血，安神助眠。

食材：远志 10 克，酸枣仁 10 克，粳米 50 克。

做法：将远志、酸枣仁、粳米洗净；粳米放入砂锅中，加适量清水，大火煮沸，然后放入远志、酸枣仁，小火煮至粥熟即成。晚间睡前服食。

红杞田七鸡

功效：补虚养血。

食材：枸杞子 15 克，三七 10 克，母鸡 1 只，生姜 20 克，葱 30 克，绍酒 30 克，胡椒粉、味精适量。

做法：将母鸡处理干净；三七 4 克研末，6 克润软切片；生姜切大片；葱切段备用。将处理好的母鸡置入沸水锅内焯去血水，捞出沥干水分，然后把枸杞子、三七片、生姜片、葱段塞入鸡腹内，把鸡放入汽锅内，注入少量清汤，下胡椒粉、绍酒；再把三七粉撒在鸡脯上，盖好锅盖，沸水旺火上笼蒸 2 小时左右，出锅时加味精调味即可。

益智仁粥

功效： 温肾助阳，固精缩尿。

食材： 粳米 50 克，益智仁 5 克，盐适量。

做法： 将益智仁研为细末。将粳米淘洗后放入砂锅内，加入清水，先用武火煮沸，再用文火熬成稀粥。调入益智仁末和少量盐，稍煮片刻，待粥稠停火即可。

和[1]仲蒙夜坐

宋·文同

宿鸟[2]惊飞断雁号[3]，独凭[4]幽几静尘劳。

风鸣北户霜威重，云压南山雪意高。

少睡始知茶效力，大寒须遣[5]酒争豪。

砚冰[6]已合灯花老[7]，犹对群书拥敝[8]袍。

注：

①和：读作“hè”，是“酬和”的意思。

②宿鸟：归巢栖息的鸟。

③号：为拖长音大声叫唤、大声哭之意，这里指大雁在哀号。

④凭：身子依靠在台几、栅栏等物体上。

⑤遣：运用，使用，用酒解寒。

⑥砚冰：砚水冻成的冰。

⑦老：形容灯已燃尽。

⑧敝：破烂，也是一种自谦的说法。

归巢栖息的鸟受惊乱飞，孤单的大雁独自哀号，我在大寒之夜依靠台几而坐，试图一洗尘世烦劳。霜气肃杀，北风呼啸，乌云低垂，大雪即将到来。夜深难眠之时，才知

道这是因为喝了茶的缘故，大寒之夜，用酒争豪。砚台结冰，灯已燃尽，我一个人对着群书，裹紧我破烂的袍子。

《神农本草》有云："茶味苦，饮之使人益思、少卧、轻身、明目。"中医学认为茶能够起到醒神的功效，因此夜晚应尽量少喝茶。另外，喝茶要避免直接饮用滚烫的茶汤。在我国广东省的潮汕地区有饮用滚烫热茶的习惯，因此该地区的食管癌发病率也是一直居高不下，如果家里有人喜欢喝茶，小朋友们要记得提醒家人少喝滚烫的热茶哦！

趣味谜语

冰冻三尺，魂飞胆丧（打一节气名）。

【谜底：大寒】